营养师详解儿童营养餐

妇幼膳食营养大赛获奖作品解析

中国营养学会妇幼营养分会·编著

汪之顼·主编

全国百佳图书出版单位

化学工业出版社

·北京·

平衡孩子的营养摄入，轻松解决妈妈烦忧。

孩子挑食怎么办？吃得太胖怎么办？都不用担心，这里有均衡的营养配比与清晰的营养解析。一日三餐三点，解决你从早到晚纠结的问题。每周菜品不重样，让孩子从此爱上吃饭。

本书由中国营养学会妇幼营养分会编著，所有食谱均为妇幼膳食营养大赛的获奖作品，菜品营养均衡又美味多样。所有获奖作品均含七日食谱，包含每日三餐及三次加餐，并附有成品图进行展示，清晰明了，一应俱全。同时严格计算了食物的热量及营养物质的摄入量，科学严谨，给你权威、实用的指导，让孩子吃得健康，安心成长。本书适合营养专业人员及普通家庭阅读使用。

图书在版编目（CIP）数据

营养师详解儿童营养餐 / 中国营养学会妇幼营养
分会编著；汪之顼主编 . —北京：化学工业出版社，
2019. 11
（妇幼膳食营养大赛获奖作品解析）
ISBN 978-7-122-35263-7

Ⅰ . ①营…　　Ⅱ . ①中…②汪…　　Ⅲ . ①儿童-
保健 - 食谱　Ⅳ . ① TS972. 162

中国版本图书馆 CIP 数据核字 (2019) 第 211463 号

责任编辑：王丹娜　李　娜　　　　文字编辑：王　雪
责任校对：王　静　　　　　　　　装帧设计：子鹏语衣

出版发行：化学工业出版社（北京市东城区青年湖南街 13 号　邮政编码 100011）
印　　装：北京缤索印刷有限公司
889mm×1194mm　1/16　印张 7¼　字数 250 千字　2020 年 1 月北京第 1 版第 1 次印刷

购书咨询：010-64518888　　售后服务：010-64518899
网　　址：http://www.cip.com.cn
凡购买本书，如有缺损质量问题，本社销售中心负责调换。

定　价：68.00 元

中国妇幼膳食及月子餐设计营养大赛
工作委员会

主　席

杨月欣　中国营养学会理事长，中国疾病预防控制中心营养所研究员

苏宜香　中国营养学会妇幼营养分会荣誉主任委员，中山大学公共卫生学院教授

执行主席

汪之顼　中国营养学会妇幼营养分会主任委员，南京医科大学公共卫生学院教授

赖建强　中国营养学会妇幼营养分会常务副主任委员，中国疾病预防控制中心营养所研究员

委　员

李光辉　中国营养学会妇幼营养分会副主任委员，首都医科大学附属北京妇产医院主任医师

毛丽梅　中国营养学会妇幼营养分会副主任委员，南方医科大学公共卫生学院教授

盛晓阳　中国营养学会妇幼营养分会副主任委员，上海交通大学医学院新华医院主任医师

曾果　中国营养学会妇幼营养分会副主任委员，四川大学华西公共卫生学院教授

杨年红　中国营养学会妇幼营养分会秘书长，华中科技大学同济医学院公共卫生学院教授

陈平洋　中国营养学会妇幼营养分会委员，中南大学湘雅二院主任医师

陈倩　中国营养学会妇幼营养分会委员，北京大学第一医院主任医师

戴永梅　中国营养学会妇幼营养分会委员，南京市妇幼保健院主任医师

顾洁　中国营养学会妇幼营养分会委员，宁夏回族自治区银川市妇幼保健院主任医师

葛军　中国营养学会妇幼营养分会委员，石家庄市第四医院主任医师

胡燕　中国营养学会妇幼营养分会委员，重庆医科大学附属儿童医院主任医师

林娟　中国营养学会妇幼营养分会委员，福建省妇幼保健院副主任医师

李燕　中国营养学会妇幼营养分会委员，昆明医科大学教授

马玉燕　中国营养学会妇幼营养分会委员，山东大学齐鲁医院主任医师

邵洁　中国营养学会妇幼营养分会委员，浙江大学医学院附属儿童医院主任医师

桑仲娜　中国营养学会妇幼营养分会委员，天津医科大学公共卫生学院副教授

童笑梅　中国营养学会妇幼营养分会委员，北京大学第三医院主任医师

滕越　中国营养学会妇幼营养分会委员，北京市海淀区妇幼保健院主任医师

陶玉玲　中国营养学会妇幼营养分会委员，江西省妇幼保健院主任医师

王子莲　中国营养学会妇幼营养分会委员，中山大学附属第一医院主任医师

徐秀　中国营养学会妇幼营养分会委员，复旦大学附属儿科医院主任医师

许雅君　中国营养学会妇幼营养分会委员，北京大学公共卫生学院教授

徐轶群　中国营养学会妇幼营养分会委员，中国疾病预防控制中心妇幼保健中心副研究员

薛玉珠　中国营养学会妇幼营养分会委员，河南省郑州市中医院主任医师

游川　中国营养学会妇幼营养分会委员，首都医科大学附属北京妇产医院主任医师

衣明纪　中国营养学会妇幼营养分会委员，青岛大学附属医院主任医师

杨蓉　中国营养学会妇幼营养分会委员，湖北省武汉市妇幼保健院主任医师

张彩霞　中国营养学会妇幼营养分会委员，中山大学公共卫生学院教授

张琚　中国营养学会妇幼营养分会委员，四川省妇幼保健院副主任医师

评　委

翟凤英　中国营养学会原常务副理事长，中国疾病预防控制中心营养健康所研究员

朱建幸　中华医学会围产医学分会第八届主任委员；上海交通大学医学院附属新华医院主任医师、教授

杨慧霞　中华医学会围产医学分会第七届主任委员，北京大学第一医院主任医师、教授

刘兴会　中华医学会围产医学分会第九届主任委员，四川大学华西第二医院主任医师、教授

张思莱　北京中医药大学附属中西医结合医院主任医师

蔡美琴　上海市营养学会妇幼营养分会主任委员，上海交通大学医学院教授

郑睿敏　中国疾病预防控制中心妇幼中心副研究员

张悦　中国疾病预防控制中心妇幼中心副研究员

辛宝　陕西中医药大学公共卫生学院副教授

序 1

2016 年 10 月，中共中央、国务院印发了《"健康中国 2030"规划纲要》，明确提出今后卫生健康工作的重点是疾病预防，而良好的生活方式是预防疾病、全面提高健康水平的重要环节。2017 年 6 月，国务院印发了《国民营养计划（2017—2030 年）》，将营养健康作为构建健康生活方式的重要内容。"生命早期 1000 天营养健康行动"是《国民营养计划（2017—2030 年）》中提出的六大营养健康行动中的首要行动计划，体现了国家和政府对生命早期营养和健康的高度重视。

随着我国国力和经济的发展，近年来，居民生活日益富裕，而国民营养健康素养却明显落后于时代发展。孕妇、乳母、婴儿、幼儿和儿童这类妇幼人群一直都是政府和全社会呵护的重点对象。新生命的孕育和健康成长是人类繁衍和进步的需要，也是家庭乃至人类未来的希望，但对于其健康问题，随着经济发展、民众富裕以及生活方式的改变，我们却缺乏科学的健康观，且健康问题日益凸显。一方面育龄妇女营养缺乏问题仍然存在；另一方面，过剩的食物和能量摄入导致孕期超重和肥胖、妊娠期糖尿病和妊娠期高血压高发，娩出巨大儿、早产儿的风险加大。2019 年国务院印发了关于实施健康中国行动的意见，在国家层面部署了《健康中国行动（2019—2030 年）》。其中，合理膳食行动就是重要的工作之一。中国营养学会在 2019 年 9 月发起了"合理膳食我行动"的倡议，就是希望营养健康专业工作者主动承担起引领责任，推广合理膳食理念，带领广大公众将合理膳食融入日常生活，成为健康生活方式的核心。让合理膳食助力健康水平的提高，让全民健康助力实现中华民族复兴的中国梦。

由中国营养学会策划和指导，妇幼营养分会组织举办的"千日营养杯"中国妇幼人群膳食及月子餐膳食设计营养大赛，通过组织各界专业人士设计制作妇幼膳食食谱，并由围产医学、中医食疗、护理学、心理学、烹饪和食品加工以及社会学、民俗学方面的专家组成评审团进行审核，最终选出营养搭配合理、烹饪方法简单、食材容易获得的优秀作品给予了鼓励和支持，通过这样的方法让《中国居民膳食指南(2016)》在公众中落地、生根，帮助大家通过良好的膳食，提高健康水平，实现优生优育。希望这个大赛成为"合理膳食我行动"活动的一朵奇葩，希望大赛成果能够为大家的美好生活和健康之路带来切实的帮助。

首届（2017）中国妇幼膳食及月子餐设计营养大赛工作委员会主席 中国营养学会理事长
杨月欣

　　大量的营养科学和实践研究业已证实，生命早期营养是生命全周期健康的机遇窗口。孕育生命早期发生发展的孕妇，保护和哺育新生儿成长的乳母，以及从被动喂养到主动利用多种食物以获得健康成长和生存技能的婴幼儿的营养问题，已经成为营养、围产和儿童保健专业专家关注的焦点，更是受到了亿万家庭和全社会的高度重视。

　　与其他自然科学不同，营养学是一门集自然科学规律和社会实践为一体的学科。营养学既包含对营养基础和理论的研究，也包含对营养科学认知的实践和推广。我们遵循自然科学的规律，研究人类生命发生发展及全周期不同阶段的营养需求，认知及合理利用自然界食物资源及其营养，来满足人类生命周期不同阶段的食物需要和膳食构成，以达到健康的目标。由此可见，充分认识营养学社会实践的必须性和饮食文化的关联性是何等重要。

　　从对《中国居民膳食营养素参考摄入量》的科学研究，到接地气的《中国备孕妇女膳食指南》《中国孕期妇女膳食指南》《中国哺乳期妇女膳食指南》《6月龄内婴儿母乳喂养指南》《7~24月龄婴幼儿喂养指南》以及《中国学龄前儿童膳食指南》的推出，今天我们要更接地气地将营养科学与美味佳肴紧密结合，将食物的营养和色香味紧密结合，将人体生理需要和心理满足紧密结合。营养在哪里？就在餐桌上，就在舌尖上。为此，我们近3年来连续开展妇幼人群膳食制作营养大赛，诚邀注册营养师、月子会所厨师、育儿辣妈、美食达人等参与进来，以共同完成将营养实践进行到舌尖上的使命。

　　美食节目在荧屏上的火爆，制作各种食物的抖音短视频和美食APP的高点击率和高下载率，表明在当下，对已经解决温饱问题的居民来说，美食的文化和食物的色香味是有多重要和多吸引人。营养的摄取不再只是为了解决温饱问题那么简单，我们获得营养的过程是通过摄取食物，在神经、体液和心理的调节下，经过眼看、鼻闻、口品、齿嚼后进入消化道，经过消化、吸收和代谢过程才得以完成。好的营养也应该是美味的，是搏眼球的，如果你说营养和美味不能两全，请看看我们膳食大赛收集出版的食谱后再下结论！如果你不会制作既营养又美味的菜肴，请参照我们出版的食谱！如果你不知道营养在哪里，就请看注册营养师们对食谱的解析吧！

中国营养学会前任副理事长、中国营养学会妇幼营养分会荣誉主任委员、中山大学公共卫生学院营养学教授、博士研究生导师，首届（2017）中国妇幼膳食及月子餐设计营养大赛工作委员会联合主席
苏宜香

    为贯彻《健康中国 2030 规划纲要》精神，依据《国民营养计划 (2017—2030)》的指引，以灵活多样的新形式开展"生命早期 1000 天营养健康行动"，中国营养学会妇幼营养分会于 2017 年 5—11 月举办了"首届（2017）中国妇幼膳食及月子餐设计营养大赛"（简称"妇幼膳食营养大赛"）。这次大赛由中国营养学会指导，中国营养学会妇幼营养分会承办，大赛设立由中国营养学会专家组成的工作委员会，同时邀请围产医学、中医食疗、护理学、心理学、烹饪和食物加工以及社会学、民俗学方面的专家作为特邀评委。举办大赛的目的是"培养专业人才，服务妇幼大众，助力行业发展"，参赛的专业人员通过大赛作品的制作过程，可以很好地将营养学的理论和技能应用于妇幼人群营养健康的具体实践中。

    这次大赛得到了全国各地同仁的积极响应，其中有营养师、医护人员、托幼机构老师、烹饪厨师、学校师生、食品和营养品企业员工，有经验丰富的老将，也有初出茅庐的新手，他们或代表单位，或代表个人，将自己花费数周甚至月余时间、付出巨大精力制作的得意作品提交大赛参评。这次大赛吸引了 300 余名（组）选手报名，有 144 份作品通过大赛规定的形式被审核，最后有 106 份作品通过初评进入终评。应该说，提交参赛的每一份作品，都是参赛者的一份巨大的劳动成果，内容包括：对孕妇、乳母和婴幼儿等特定对象制订一周七天的营养食谱，并对其中的每一餐实施烹制作业，再将完成的营养食谱和烹制的餐食以食谱文本和食物图像的形式提交参赛，其中包括每日食谱的营养评价、一周食物的总营养评价、每日至少 3 幅即全部 21 幅精心拍摄的膳食图片。本书实际上是从这次大赛的获奖作品中优中选优的作品集，这些作品在食谱的营养设计、食材选择、烹调加工方式以及摄影呈现的效果方面，都是比较理想的。希望妇幼营养健康专业人员能够利用本书，更好地开展工作。也希望普通读者能够有机会看到本书，通过书中专家们设计制作的孕妇膳食、乳母膳食以及宝宝膳食，去感受其中食物种类的搭配和结构，成为平衡膳食的学习材料，更好地帮助孕期、哺乳期妈妈掌握好每日膳食，帮助年轻父母们做好宝宝的喂养。

    2019 年是中华人民共和国成立 70 周年的大庆之年，我们欣喜地看到，伴随着为实现中国梦而不断加快的步伐，人民健康受到党和国家的高度重视。今年7月国务院发布了《健康中国行动（2019—2030年）》，其中合理膳食行动是重要内容。让我们积极响应中国营养学会发起的"合理膳食我行动"的倡议，关心自己和家人每一餐的营养。今天每一个孕妈妈、哺乳妈妈和小宝宝获得的良好营养，都在为中华民族未来的良好健康打基础。让我们从合理膳食开始，建立全面良好的生活方式，用合理的营养提高健康水平，让全民健康助力实现中华民族复兴的中国梦。

中国妇幼膳食及月子餐设计营养大赛在继续，第二届（2018）大赛也取得了圆满成功，第三届（2019）大赛正处于作品征集阶段。后续我们还会将更多更好的作品推荐给大家。在此，我们向支持本项大赛的中国营养学会领导、大赛工作委员会和评委会的各位专家表示感谢，向各位付出巨大心血提交作品的参赛者表示感谢，还要向赞助支持首届（2017）中国妇幼膳食及月子餐设计营养大赛的达能纽迪希亚公司（Nutricia – Early Life Nutrition）致以衷心的感谢。

首届（2017）中国妇幼膳食及月子餐设计营养大赛工作委员会执行主席

汪之顼　赖建强

目　录

王海棠

—

第1天

早餐 / 019
葱香鳝鱼粥
上午加餐 / 019
核桃仁
午餐 / 020
土豆鸡肉盖浇饭、番茄蛋花汤
下午加餐 / 020
豆腐花
晚餐 / 021
燕麦牛奶饮、三明治

第2天

早餐 / 022
黑芝麻豆浆、肉包子
上午加餐 / 022
蔬果沙拉
午餐 / 023
彩虹饭、海带豆腐汤
下午加餐 / 023
羊奶
晚餐 / 024
鲜鱿粥

第3天

早餐 / 025
儿童营养汤面
上午加餐 / 025
鲜榨橙汁
午餐 / 026
紫菜包饭、苦瓜黄豆排骨汤
下午加餐 / 026
酸奶
晚餐 / 027
什锦肠粉

第4天

早餐 / 028
杂粮豆粥、水煮蛋
上午加餐 / 028
酸奶
午餐 / 028
鲜贝时蔬汤面
下午加餐 / 028
香蕉牛奶
晚餐 / 028
白菜香菇粥、银耳百合羹

第5天

早餐 / 028
奶香南瓜粥
上午加餐 / 028
梨
午餐 / 028
营养蒸饭套餐
下午加餐 / 029
腰果 + 牛奶
晚餐 / 029
蛋花时蔬烩面

第6天

早餐 / 029
咸香燕麦山药粥、水煮蛋
上午加餐 / 029
哈密瓜 + 酸奶
午餐 / 029
番茄牛肉拌面、蘑菇豆腐汤
下午加餐 / 029
羊奶
晚餐 / 029
馄饨、时蔬汤

第7天

早餐 / 030
营养汤饺
上午加餐 / 030
核桃 + 牛奶
午餐 / 030
什锦炒饭、冬笋老鸭汤
下午加餐 / 030
蒸红薯 + 酸奶
晚餐 / 030
五彩通心粉、草莓酸奶

王竞荛

—

第1天

第2天

第3天

第4天

第5天

第6天

第7天

张亦奇
—

第1天

早餐 / 052
小米核桃粥、鹌鹑蛋牛奶土豆泥

上午加餐 / 052
酸奶水果拼盘

午餐 / 053
米饭、双花汆牛肉、上汤芥蓝

下午加餐 / 053
开胃红豆沙

晚餐 / 054
杂粮饭、豆腐海鲜疙瘩汤

晚间加餐 / 054
牛奶玉米捞

第2天

早餐 / 055
燕麦饭、花生拌豆干、酸奶

上午加餐 / 055
牛奶 + 开心果 + 松子仁

午餐 / 056
双豆焖饭、豉香小米兔肉、白灼菜心

下午加餐 / 056
雪梨橙香藕片

晚餐 / 057
西葫芦面条、鸡蛋炒芦笋、猪肝汆秋葵

晚间加餐 / 057
牛奶 + 苹果

第3天

早餐 / 058
香菇鸡肉蔬菜粥、牛奶蒸南瓜

上午加餐 / 058
果仁杯 + 牛奶

午餐 / 059
杂粮饭、蛋香海鲜汇、五彩素炒

下午加餐 / 059
水果杯

晚餐 / 060
翡翠白玉年糕汤、红薯米饭

晚间加餐 / 060
红枣百合银耳汤

第4天

早餐 / 061
果香粗粮八宝饭、牛奶

上午加餐 / 061
几何缤纷

午餐 / 061
红薯米饭、菠萝糖醋小排、菌香蔬菜汤

下午加餐 / 061
酸奶花生碎

晚餐 / 061
米饭、松子鲈鱼、南瓜绿豆汤

晚餐加餐 / 061
梨花牛奶布丁

第5天

早餐 / 062
紫菜芝麻燕麦片、山药枣泥饼

上午加餐 / 062
水果酸奶

午餐 / 062
大麦米饭、果香鸭胸、上汤鸡毛菜

下午加餐 / 062
豆花红豆沙

晚餐 / 062
土豆泥盖饭、拌双蔬

晚餐加餐 / 062
红薯 + 牛奶

第6天

早餐 / 063
三明治、牛奶

上午加餐 / 063
双果石榴汁

午餐 / 063
南瓜焖饭、鸡蓉肉丸烩草菇、冬寒菜粉丝汤

下午加餐 / 063
百合红豆沙

晚餐 / 063
二米粥、彩蔬卷饼、酱香牛肉豆腐丸子

晚餐加餐 / 063
红枣牛奶

第7天

早餐 / 064
干贝蔬菜粥、时蔬蛋卷、双色蝴蝶花卷

上午加餐 / 064
水果酸奶

午餐 / 064
花豆焖饭、彩椒炒虾仁、韭黄豆腐羹

下午加餐 / 064
甜香山药泥

晚餐 / 064
打卤面

晚餐加餐 / 064
红豆薏仁莲子奶昔

武汉市直机关常青育才幼儿园

——

第 1 天

早餐 / 069
鲜肉包、南瓜玉米红枣羹
上午加餐 / 069
鲜奶
午餐 / 070
米饭、紫菜鸡蛋豆腐汤、沙司鱼条、手撕包菜
下午加餐 / 070
香蕉
晚餐 / 071
虾仁馄饨、紫薯卷

第 2 天

早餐 / 072
香菇鲜肉烧卖、牛奶燕麦片
上午加餐 / 072
豆奶
午餐 / 073
米饭、土豆烧牛肉、口蘑菜心、海米番茄鸡蛋汤
下午加餐 / 073
苹果
晚餐 / 074

豆沙柳叶包、枸杞山药老鸭汤

第 3 天

早餐 / 075
青菜瘦肉粥、美味蝴蝶卷、红提
上午加餐 / 075
鲜奶
午餐 / 076
米饭、白灼基围虾、馋嘴小肉丁、青菜冬瓜猪肝汤
下午加餐 / 076
柚子
晚餐 / 077
胡萝卜牛肉炒饭、红豆莲子桂圆羹

第 4 天

早餐 / 078
蒸红薯、杂酱面
上午加餐 / 078
鲜奶
午餐 / 078
米饭、干贝烩银芽、板栗烧仔鸡、菌皇鸡蛋汤
下午加餐 / 078
冬枣
晚餐 / 078
坚果仁面发糕、番茄青菜肉丸汤

第 5 天

早餐 / 078
菜肉包子、冰糖银耳炖雪梨
上午加餐 / 078
鲜奶
午餐 / 078
米饭、黄焖圆子、平菇青菜鸡蛋汤、清炒大白菜
下午加餐 / 078
点心
晚餐 / 078
海带脊骨汤、玉米夹心馍

第 6 天

早餐 / 079
鲜奶、什锦热干面
上午加餐 / 079
豆浆
午餐 / 079
黑米饭、蒜香鸡翅、什锦素丝、干贝蒸水蛋
下午加餐 / 079
橘子
晚餐 / 079
莲藕排骨汤、双色发糕

第 7 天

早餐 / 079
莲子百合燕麦粥、葱油鲜肉卷
上午加餐 / 079
牛奶
午餐 / 079
酸甜包菜、红豆饭、水晶财鱼片、番茄鸡蛋汤
下午加餐 / 079
柚子
晚餐 / 079
三鲜年糕煲、荞麦馍馍

山西省经贸学校

第1天

早餐 / 084
麻花、油茶、鹌鹑蛋、清炒西蓝花

上午加餐 / 084
低温梨

午餐 / 085
牛奶、双彩剔尖面、平遥牛肉、拌秋葵

下午加餐 / 085
水果果冻

晚餐 / 086
七星烩菜、拌黄瓜、莜面糊糊

晚间加餐 / 086
水果酸奶

第2天

早餐 / 087
西葫芦饼、老豆腐、西芹炒腰果

上午加餐 / 087
果奶布丁

午餐 / 088
牛奶、三彩猫耳朵、低温虾、蔬菜沙拉

下午加餐 / 088
红枣炖梨

晚餐 / 089
鸡蛋炒青椒土豆、清炒荷兰豆、玉米面糊

晚间加餐 / 089
鲜水果

第3天

早餐 / 090
蒸土豆、疙瘩汤、蒸卷心菜

上午加餐 / 090
果汁

午餐 / 091
牛奶、土豆夜面鱼鱼、白萝卜鱼丸汤

下午加餐 / 091
苹果螃蟹

晚餐 / 092
蘸片子、番茄炒蛋、小米藜麦稀饭

晚间加餐 / 092
水果酸奶

第4天

早餐 / 093
小刺猬馒头、山药稀饭、蒸蛋羹、清炒菜花

上午加餐 / 093
牛奶布丁

午餐 / 093
鱼肉饺子、清炒白菜、沙棘醪糟汤

下午加餐 / 093
鲜水果

晚餐 / 093
炒碗托、南瓜小米粥、花生碎豆腐丝拌胡萝卜

晚间加餐 / 093
鲜奶 + 鲜水果

第5天

早餐 / 094
窝头、黄豆小米粥、清炒菜花

上午加餐 / 094
鲜水果

午餐 / 094
牛奶、羊肉片汤、青椒炒洋葱

下午加餐 / 094
苹果 + 大杏仁

晚餐 / 094
彩色土豆泥、玉米粒炒肉末、番茄菜汤

晚间加餐 / 094
酸奶 + 鲜水果

第6天

早餐 / 095
紫薯馒头、南瓜小米粥、煎鸡蛋、清炒西葫芦

上午加餐 / 095
鲜水果

午餐 / 095
牛奶、二米饭、凉拌茄子、冬瓜炒虾仁

下午加餐 / 095
南瓜子仁 + 鲜水果

晚餐 / 095
汤面、香菇土豆

晚间加餐 / 095
鲜奶 + 鲜水果

第7天

早餐 / 095
素包子、红豆粥、黄瓜炒木耳

上午加餐 / 096
低温水果

午餐 / 096
牛奶、豆面抿尖、空气炸鸡翅、清炒西葫芦、拌藕丁

下午加餐 / 096
猕猴桃 + 梨 + 花生仁

晚餐 / 096
小米土豆焖豆角、凉拌紫甘蓝、腐竹海带汤

晚间加餐 / 096
酸奶 + 鲜水果

本书食谱简介

1. 包括七日食谱。

2. 食谱中按餐次分开,包括每餐的膳食内容。

3. 每餐的膳食需以饮食成品表现,并附食材用量和建议的烹调及制作方法简述。

4. 各种食材用量建议以可食部分重量的克数表示(不加特别说明的,食材用量均视为可食部分重量),不建议使用"两""盎司""斤""公斤"等表达。

5. 食谱营养计算中,以杨月欣、王光亚、潘兴昌主编的《中国食物成分表(2009)》中数据为准。

6. 食谱营养评价包括该日食谱中各类食物量(可食部分)与《中国妇幼人群膳食指南 (2016) 》中推荐的食物量的比较。

7. 食谱营养评价包括该日食谱中各种食物提供的能量和主要营养素与《中国居民膳食营养素参考摄入量(2013)》中该人群能量和主要营养素推荐摄入量的比较。

8. 七日食谱中,至少提供了对应其中三日膳食的膳食图片。

第1天

早餐 / 萝卜鸡蛋彩色水饺

主要原料❶：萝卜30克，鸡蛋20克，亚麻籽油5毫升，盐0.5克，面粉30克

做法要点❷：萝卜擦成丝，沥干水分后剁碎，与炒熟的鸡蛋搅拌均匀，加入亚麻籽油、盐调味。分别向青菜、紫甘蓝中加入适量的水，用搅拌机打成汁，加入面粉，和成面团。取适量面团擀薄，放入馅，包成饺子。锅里水烧开后，下入水饺，水沸后加入一些凉水，反复几次，至水饺熟透。

---

❶ 本书中所涉及菜谱并未列出全部原料，均只列出了主要原料。

❷ 本书中所阐述的做法要点均指做法中的主要步骤，并未列出全部详细步骤。一些菜谱省略了"做法要点"项内容。

蟹味菇拌黄瓜

主要原料：蟹味菇25克，黄瓜丝10克，亚麻籽油2毫升，醋0.5毫升，盐0.5克

做法要点：蟹味菇放入沸水里煮熟，捞出沥干，切小段，加入黄瓜丝和亚麻籽油、醋、盐拌匀即可。

牛奶燕麦粥

主要原料：牛奶100毫升，燕麦20克

做法要点：将牛奶和燕麦一同放入锅里，煮熟即可食用。

上午加餐 / 苹果

主要原料：苹果70克

做法要点：苹果洗净，切成块食用。

午餐 / 胚芽土豆紫薯馒头

主要原料：土豆 30 克，紫薯 30 克，面粉 50 克，
小麦胚芽 10 克，酵母、水各适量

做法要点：把土豆和紫薯分别蒸熟，捣碎，加入面
粉、小麦胚芽、酵母和适量的水，揉成
面团，做成馒头坯，待发酵至 2 倍大，
上锅蒸熟。

胡萝卜炒花菜西蓝花

主要原料：胡萝卜 45 克，西蓝花 45 克，花菜 25 克，
大豆油 4 毫升，盐 0.5 克

做法要点：胡萝卜、西蓝花和花菜切成小块，焯水
备用。锅里放入大豆油加热，加入胡萝
卜块、西蓝花块和花菜块翻炒均匀，加
入盐调味。

清蒸无骨刀鱼

主要原料：无骨刀鱼 25 克，姜、葱、生抽各适量

做法要点：无骨刀鱼治净，加入姜和葱、生抽，上
锅蒸熟。

下午加餐 / 牛奶

主要原料：牛奶 100 毫升

做法要点：牛奶倒入杯中，隔水加热（温热即可）
饮用。

晚餐 / 二米饭

主要原料：大米 10 克，小米 10 克，水适量

做法要点：大米和小米洗净，一起放入锅中，加入
适量的水，蒸熟。

花生拌芹菜豆干

主要原料：花生 10 克，芹菜 80 克，豆干 20 克，醋、
生抽、芝麻油各 2 毫升

做法要点：花生煮熟。芹菜和豆干焯水后切成丝，
加入花生、醋、生抽和芝麻油拌匀。

肉末炖蛋

主要原料：鸡蛋 20 克，猪肉 10 克，生抽、水各适量

做法要点：鸡蛋中加入适量的水打散。猪肉切末，
加生抽调味。鸡蛋放入锅中蒸至表面凝
固，放入肉末，继续蒸熟。

晚间加餐 / 猕猴桃酸奶

主要原料：猕猴桃 70 克，酸奶 100 克，石榴 5 克

做法要点：猕猴桃去皮切成块，放入酸奶中，用石
榴点缀即可食用。

第2天

早餐 / 芹菜叶蛋饼

主要原料：芹菜叶 30 克，鸡蛋 50 克，盐 0.5 克，
大豆油 4 毫升

做法要点：芹菜叶焯水，沥干后切碎，放入打散的
鸡蛋液中，加入盐搅拌均匀。锅里倒入
大豆油加热，倒入鸡蛋液，小火煎熟。

红枣小米粥

主要原料：小米 30 克，红枣 5 克，水适量

做法要点：小米洗净，加入红枣和适量的水，煮熟。

小核桃

主要原料：小核桃 20 克

做法要点：小核桃敲碎，去壳食用。

上午加餐 / 酸奶 + 石榴

主要原料：酸奶 100 毫升，石榴 50 克

做法要点：酸奶常温食用。石榴去皮食用。

午餐 / 南瓜发糕

主要原料：南瓜 40 克，酵母适量，面粉 40 克

做法要点：南瓜蒸熟，放入搅拌机打成泥，取出后加入酵母和面粉，和成面糊。将面糊放入容器中发酵至 2 倍大，上锅大火蒸熟。

萝卜羊肉汤

主要原料：羊肉 25 克，水适量，萝卜丝 40 克，香油 3 毫升，胡椒粉、盐各 0.5 克

做法要点：羊肉洗净切成细丝，放入锅里，加入适量的水，大火烧开后加入萝卜丝，转小火煮至肉烂，加入香油、胡椒粉和盐调味。

蒜蓉空心菜

主要原料：空心菜 40 克，大蒜 5 克，大豆油 3 克，盐 0.5 克

做法要点：空心菜洗净，切成小段。蒜切碎。锅烧热后，放入大豆油，加入蒜炒香，加入空心菜段，大火炒熟，加入盐调味。

下午加餐 / 饼干

主要原料：饼干 10 克

做法要点：饼干直接食用。

牛奶

主要原料：牛奶 100 毫升

做法要点：牛奶倒入杯中，隔水加热（温热即可）饮用。

晚餐 / 馄饨

主要原料：干木耳 5 克，蘑菇 20 克，虾仁 25 克，
    豆干 5 克，韭菜 20 克，亚麻籽油 5 毫升，
    盐 0.5 克，馄饨皮适量

做法要点：干木耳泡发，将木耳、蘑菇焯水备用。
    虾仁、豆干剁碎。韭菜切小段。将所有
    处理好的食材混合均匀，加入亚麻籽油
    和盐调味。取馄饨皮放入馅料包成馄饨。
    锅里水烧开，放入馄饨，煮熟即可。

紫薯球

主要原料：紫薯 20 克

做法要点：紫薯蒸熟，去皮搓成小球，放入盘中。

晚间加餐 / 柚子

主要原料：柚子 50 克

做法要点：柚子去皮食用。

牛奶

主要原料：牛奶 100 毫升

做法要点：牛奶倒入杯中，隔水加热（温热即可）
    饮用。

第3天

早餐 / 青菜瘦肉粥

主要原料：猪肉 20 克，大米 30 克，水适量，青菜 40 克，盐 0.5 克

做法要点：猪肉切碎放入锅里，加入洗好的大米和适量的水煮熟，放入焯水后切成丝的青菜继续熬煮一会儿，加入盐调味即可。

水煎蛋

主要原料：鸡蛋 50 克，水适量

做法要点：鸡蛋打入不粘锅，小火加热，待底部凝固后，加入少量的水，盖上盖煮至鸡蛋熟透。

拌海带丝

主要原料：海带丝 20 克，亚麻籽油 3 克

做法要点：海带丝焯水，切成段，加入亚麻籽油和醋拌匀即可。

上午加餐 / 腰果 + 冬枣 + 牛奶

主要原料：腰果 10 克，冬枣 50 克，牛奶 100 毫升

做法要点：腰果直接食用。冬枣洗净食用。牛奶倒入杯中，隔水加热（温热即可）饮用。

午餐 / 西葫芦胡萝卜饼

主要原料：西葫芦 40 克，胡萝卜 30 克，面粉 50 克，
水适量，花生油 4 毫升

做法要点：西葫芦和胡萝卜切成丝，加入面粉和适
量的水和成面糊。将面糊倒入锅里，加
入花生油小火煎熟。

香菇荠菜豆腐蛋汤

主要原料：香菇 10 克，荠菜 20 克，水适量，豆腐 30 克，
鸡蛋液 25 克，香油 3 毫升，盐 0.5 克

做法要点：将香菇和荠菜焯水，香菇切片，荠菜切
碎备用。锅里放入适量的水，加入香菇
片和豆腐煮沸，加入荠菜碎和鸡蛋液，
再加入香油和盐调味即可。

下午加餐 / 饼干＋酸奶

主要原料：饼干 20 克，酸奶 100 克

做法要点：饼干直接食用。酸奶常温食用。

晚餐 / 黑米板栗饭

主要原料：黑米 35 克，粳米 20 克，板栗 20 克，
　　　　　水适量

做法要点：黑米和粳米洗净，加入板栗和适量的水，
　　　　　煮熟。

蒜蓉米苋

主要原料：米苋 50 克，蒜适量，大豆油 5 毫升，
　　　　　盐 0.5 克

做法要点：米苋洗净切成段。蒜切细丝。锅烧热后
　　　　　加入大豆油，放入蒜炒香，加入米苋段
　　　　　大火炒熟。加入盐调味。

水煮虾

主要原料：虾 40 克，盐 0.5 克，料酒适量

做法要点：将虾去掉虾枪和虾线。锅中水烧开后放
　　　　　入盐和料酒，放入虾煮熟即可。

晚间加餐 / 柑橘 + 牛奶

主要原料：柑橘 70 克，牛奶 100 克

做法要点：柑橘去皮，分瓣食用。牛奶倒入杯中，
　　　　　隔水加热（温热即可）饮用。

第4天

早餐 / 菠菜牛肉蛋饼

主要原料：菠菜 80 克，牛肉 15 克，鸡蛋 20 克，面粉 40 克，大豆油 3 毫升

做法要点：菠菜洗净，焯水后沥干，切碎备用。牛肉切末。将牛肉末、菠菜碎、鸡蛋和面粉混合均匀，倒入锅中加入大豆油煎熟。

豆腐脑

主要原料：大豆 20 克，水适量，葡萄糖酸内酯，香油 2 毫升

做法要点：大豆提前一夜浸泡，加入适量的水，放入搅拌机中打碎，过滤，放入锅中煮开，加入一点葡萄糖酸内酯，盖上盖子静置15 分钟。加入香油和生抽食用。

上午加餐 / 牛奶 + 香蕉

主要原料：牛奶 200 毫升，香蕉 70 克

做法要点：牛奶倒入杯中，隔水加热（温热即可）饮用。香蕉剥皮食用。

午餐 / 番茄炒蛋

主要原料：番茄 80 克，大豆油 5 毫升，鸡蛋液 40 克，盐 0.5 克

做法要点：番茄去皮切碎。锅里放入大豆油加热，倒入鸡蛋液炒成凝固状态，加入番茄炒熟，加盐调味即可。

胡萝卜小花卷

主要原料：面粉 50 克，酵母适量，水适量，亚麻籽油 4 毫升，胡萝卜碎 30 克

做法要点：面粉中加入适量的酵母和水和成面团，室温发酵至 2 倍大。将面团擀薄，抹上亚麻籽油，撒上胡萝卜碎，卷起来，切成块，放入锅里大火蒸熟即可。

蒸紫薯

主要原料：紫薯 50 克

做法要点：将紫薯洗净，上锅蒸熟即可。

下午加餐 / 橙子 + 巴旦木

主要原料：橙子 80 克，巴旦木 20 克

做法要点：橙子剥皮食用。巴旦木去壳食用。

晚餐 / 拌面

主要原料：面条 40 克，黄瓜丝 30 克，芝麻酱 15 克

做法要点：面条煮熟后捞出沥干，放入碗中，加入黄瓜丝、芝麻酱拌匀即可。

水煮花蛤

主要原料：花蛤 80 克，水适量

做法要点：花蛤洗净，加入适量的水煮熟。

晚间加餐 / 牛奶

主要原料：牛奶 200 毫升

做法要点：牛奶倒入杯中，隔水加热（温热即可）饮用。

第 5 天

早餐 / 鸡蛋香菇蒸肉饼

主要原料：香菇 30 克，猪肉末 20 克，鸡蛋液 25 克，面粉 10 克，盐 0.5 克

做法要点：香菇焯水后沥干，切碎，和猪肉末、鸡蛋液、面粉混合均匀，加入盐拌匀，做成饼状，放入锅里蒸熟。

杂粮粥

主要原料：粳米 5 克，黑米 5 克，小米 5 克，绿豆 5 克，红小豆 5 克，花生仁 5 克，莲子 5 克，桂圆干 5 克，水适量

做法要点：把粳米、黑米、小米、绿豆、红小豆、花生仁、莲子、桂圆干洗净，一同放入高压锅中加水煮熟。

上午加餐 / 牛奶 + 葡萄

主要原料：牛奶 150 毫升，葡萄 70 克

做法要点：牛奶隔水加热（温热即可）饮用。葡萄洗净食用。

午餐 / 土豆虾仁饼

主要原料：土豆 100 克，胡萝卜 30 克，蘑菇 20 克，虾仁 25 克，亚麻籽油 5 毫升，盐 1 克，黑胡椒粉适量

做法要点：把土豆蒸熟，压成泥。胡萝卜和蘑菇焯水后沥干，切成末。虾仁煮熟后切成末。将以上食材混合均匀，加入亚麻籽油、盐和黑胡椒粉调味，做成饼状，放入烤箱烤熟。

冬瓜木耳汤

主要原料：干木耳 10 克，冬瓜片 40 克，亚麻籽油 4 毫升，盐 0.5 克，醋适量

做法要点：干木耳泡发后焯水备用。锅里加入适量的水，加入木耳和冬瓜片，煮熟后加入亚麻籽油和盐、醋调味即可。

煮玉米

主要原料：玉米 200 克

做法要点：将玉米去皮、去须，放入沸水锅中煮熟即可。

下午加餐 / 哈密瓜

主要原料：哈密瓜 70 克

做法要点：哈密瓜去皮、去瓤，切成块食用。

晚餐 / 韭菜鸡蛋蒸饺

主要原料：大豆油 2 毫升，鸡蛋液 25 克，韭菜 60 克，盐 0.5 克，亚麻籽油 4 毫升，面粉 40 克，水适量

做法要点：锅里放入大豆油加热，倒入鸡蛋液炒熟。韭菜洗净，切碎，和炒鸡蛋混匀，加入盐和亚麻籽油调味。面粉中加入适量水和成面团，取一小块面团擀薄，放入馅包好，放入锅中蒸熟。

芝麻酱拌茄子

主要原料：茄子 40 克，芝麻酱 10 克

做法要点：茄子蒸熟，撕成细丝，加入芝麻酱拌匀即可。

晚间加餐 / 牛奶

主要原料：牛奶 150 毫升

做法要点：牛奶倒入杯中，隔水加热（温热即可）饮用。

第 6 天

早餐 / **南瓜燕麦粥**

主要原料：南瓜 40 克，水适量，燕麦片 20 克

做法要点：南瓜与适量的水一起放入搅拌机中打成蓉。将南瓜蓉放入锅里，加入燕麦片一起煮熟即可。

洋葱炒鸡蛋

主要原料：洋葱 60 克，大豆油 4 毫升，鸡蛋液 40 克，盐 0.5 克

做法要点：洋葱切成丝。锅烧热后，放入大豆油，加入鸡蛋液翻炒至凝固后，倒入洋葱丝炒熟。加盐调味。

蒸山药

主要原料：山药 30 克

做法要点：将山药洗净，切成段，上锅蒸熟。

上午加餐 / **草莓 + 葡萄干**

主要原料：草莓 70 克，葡萄干 10 克

做法要点：草莓洗净食用。葡萄干直接食用。

午餐 / **牛肉圆白菜卷**

主要原料：牛肉 20 克，圆白菜 50 克，亚麻籽油 4 毫升，盐 0.5 克，面粉 40 克

做法要点：牛肉和圆白菜剁碎，加入亚麻籽油和盐搅拌均匀。面粉中加酵母和水和成面团，发酵至 2 倍大。取适量面团擀薄，放入馅料，摊平，卷成卷，上锅蒸熟。

拌三丝

主要原料：莴笋丝 40 克，木耳丝 10 克，豆腐皮丝 10 克，醋、生抽各适量，香油 3 毫升

做法要点：把莴笋丝、木耳丝、豆腐皮丝焯水，沥干，混合后加入适量醋、生抽和香油拌匀即可。

牛奶

主要原料：牛奶 100 毫升

做法要点：牛奶倒入杯中，隔水加热（温热即可）饮用。

下午加餐 / **无花果**

主要原料：无花果 70 克

做法要点：直接食用。

晚餐 / **韭菜扇贝糖果饺**

主要原料：扇贝（干）10 克，饺子皮适量，韭菜 60 克，肉末 30 克，亚麻籽油 4 克，盐 0.5 克，紫菜（干）3 克，虾皮 2 克，香油 3 毫升

做法要点：扇贝泡发后切碎，韭菜切成段。将扇贝碎和韭菜段混合均匀，加入其他食材做成馅。取饺子皮加入馅，包成糖果状，上锅蒸熟。

红豆小米粥

主要原料：红豆 10 克，小米 20 克，水适量

做法要点：红豆、小米洗净，加入适量的水煮熟。

晚间加餐 / **牛奶**

主要原料：牛奶 100 毫升

做法要点：牛奶倒入杯中，隔水加热（温热即可）饮用。

第7天

早餐 / 番茄猪肝面

主要原料：猪肝 20 克，番茄 40 克，大豆油 4 毫升，面条 40 克，盐 0.5 克

做法要点：把猪肝洗净，浸泡半小时，切片备用。番茄去皮切成丁。锅烧热后，加入大豆油，加入番茄丁翻炒一会儿，加入猪肝片和适量水，水开后放入面条煮熟，加入盐和醋调味即可。

青椒炒鸡蛋

主要原料：大豆油 5 毫升，鸡蛋 40 克，青椒 40 克，盐 0.5 克

做法要点：锅烧热后倒入大豆油，加入鸡蛋炒熟盛出。青椒切细丝，放入锅中炒熟，倒入鸡蛋，加入盐和生抽调味即可。

上午加餐 / 苹果 + 核桃 + 牛奶

主要原料：苹果 70 克，核桃 10 克，牛奶 150 毫升

做法要点：苹果洗净食用。核桃去壳食用。牛奶隔水加热（温热即可）饮用。

午餐 / 三丁包

主要原料：鸡胸肉丁 20 克，胡萝卜丁 40 克，香菇丁 30 克，蚝油适量，花生油 4 毫升，面粉 40 克，酵母适量

做法要点：把鸡胸肉丁、胡萝卜丁、香菇丁混合均匀，加入适量蚝油和花生油调味。面粉中加水和酵母和成面团，发酵至 2 倍大，揪成小面团擀成圆饼，放入馅包成包子坯。上锅大火蒸熟。

拌豇豆

主要原料：豇豆、芝麻酱各适量

做法要点：把豇豆放入沸水里煮熟，捞出沥干，切成段。加入芝麻酱拌匀即可。

下午加餐 / 牛奶

主要原料：牛奶 150 毫升

做法要点：牛奶倒入杯中，隔水加热（温热即可）饮用。

晚餐 / 窝窝头

主要原料：绿豆面粉 30 克，玉米面粉 30 克，小麦面粉 10 克，酵母、水各适量

做法要点：把绿豆面粉、玉米面粉、小麦面粉混合均匀，加一点酵母和适量水，和成面团。待发酵后捏成窝头坯，上锅蒸熟。

炒生菜

主要原料：生菜 60 克，花生油 3 毫升，盐 0.5 克

做法要点：生菜洗净。锅烧热后加入花生油，倒入生菜大火炒熟，加入盐和生抽调味即可。

海带炖豆腐

主要原料：海带 20 克，北豆腐 20 克，香油 1 毫升，水适量，蚝油适量

做法要点：海带、北豆腐放入锅里，加入香油和适量的水，炖熟，加入蚝油调味即可。

晚间加餐 / 梨

主要原料：梨 70 克

做法要点：梨洗净切成块食用。

食谱营养解析

每日各类食物量与《中国学龄前儿童平衡膳食宝塔》推荐食物量的比较　　　　　单位：克

食物种类	第1日	第2日	第3日	第4日	第5日	第6日	第7日	7日平均值	推荐食物量[1]	
									2~3岁	4~5岁
食盐	3	3	3	3	3	3	3	3	< 2	< 3
烹调油	15	15	15	15	15	15	15	15	10~20	20~25
奶及其制品（以鲜奶计）	300	400	300	400	300	300	300	329	350~500	350~500
大豆（以干豆计）	10	10	5	15	10	10	15	11	5~15	10~20
坚果	10	10	30	20	10	10	10	14	—	适量
鱼禽蛋肉类	75	100	120	105	95	80	80	94	100~125	100~125
瘦畜禽肉（以鲜肉计）	10	25	20	15	20	20	20	19	100~125	—
水产品（以鲜鱼虾计）	25	25	25	30	25	10	20	23	—	—
蛋类（以鲜蛋计）	40	50	75	60	50	50	40	52	50	50
蔬菜类（以新鲜蔬菜计）	265	295	210	220	240	260	260	250	100~200	150~300
水果类（以鲜果计）	140	145	120	150	145	150	140	141	100~200	150~250
谷薯类	146	115	135	133	150	138	140	137	75~125	100~150
全谷物及杂豆（以干重计）	40	30	35	0	50	30	60	35	75~125	100~150
薯类（以鲜重计）	60	20	0	50	100	30	0	37	适量	适量

① 内容参考自《中国妇幼人群膳食指南（2016）》，人民卫生出版社。

食谱的每日能量和主要营养素分析

能量和营养素	第1日	第2日	第3日	第4日	第5日	第6日	第7日	7日平均值	RNI或AI[1]	UL[2]
能量 / 千卡	1130.0	1192.0	1238.0	1150.0	1152.0	1154.3	1136.9	1164.7	—	—
蛋白质 / 克	49.7	54.4	50.6	58.9	52.9	59.0	50.9	53.8	30	—
可消化碳水化合物 / 克	153.0	164.0	167.0	144.0	144.0	153.0	145.0	152.9	—	—
脂肪 / 克	37.6	39.0	40.0	38.3	40.0	37.0	40.0	38.8	—	—
膳食纤维 / 克	11.9	12.9	8.3	11.9	12.2	13.5	12.3	11.9	—	—
维生素A / 微克 RAE[3]	418.9	816.7	784.2	728.5	607.8	387.6	1660.6	772.0	360	900
维生素 B_1 / 毫克	1.3	0.9	0.9	0.9	1.0	0.9	0.8	1.0	0.8	—
维生素 B_2 / 毫克	1.0	1.1	1.0	1.4	1.0	0.9	1.2	1.1	0.7	—
尼克酸（烟酸）/ 毫克	6.2	5.8	8.6	5.5	9.8	3.2	9.4	6.9	8	15
维生素C / 毫克	114.5	66.4	173.6	87.6	91.4	63.3	59.6	93.8	50	600
维生素E / 毫克	17.4	17.1	14.2	36.4	17.6	18.0	19.1	20.0	7	200
钙 / 毫克	611.6	748.0	680.8	826.1	585.9	597.3	655.5	672.2	800	2000
磷 / 毫克	895.3	912.9	837.5	873.4	900.7	836.0	835.3	870.2	350	—
钾 / 毫克	1675.7	1737.5	1598.3	1892.7	1956.8	1676.8	1582.5	1731.5	1200	—
铁 / 毫克	9.8	10.2	10.1	20.0	14.5	20.6	19.9	15.0	10	30
锌 / 毫克	7.6	6.5	7.4	7.8	6.3	7.2	6.3	7.0	5.5	12
硒 / 微克	29.8	43.0	40.8	63.6	36.5	32.6	29.9	39.5	30	150
DHA[4]+EPA[5] / 毫克	107.1	40.5	40.5	0	40.5	0	0	32.7	—	—
DHA / 毫克	54.1	14.0	14.0	0	14.0	0	0	13.7	100	—

① 参考《中国居民膳食营养素参考摄入量（2013）》，RNI 为推荐摄入量；AI 为适宜摄入量。
② 参考《中国居民膳食营养素参考摄入量（2013）》，UL 为可耐受最高摄入量。
③ 维生素 A 的量以视黄醇活性当量表示。
④ DHA：二十二碳六烯酸。
⑤ EPA：二十碳五烯酸。

食谱每日能量达到能量需要量的百分比【能量／能量需要量（EER）】和主要营养素摄入量达到推荐摄入量的百分比【营养素摄入量／推荐摄入量（RNI）】

单位：%

能量和营养素	第1日	第2日	第3日	第4日	第5日	第6日	第7日	7日平均值
能量	90.4	95.4	99.0	92.0	92.2	99.0	91.0	94.1
蛋白质	165.7	181.0	168.7	196.3	176.0	168.7	169.7	175.2
可消化碳水化合物	127.5	136.7	139.1	120.0	120.0	139.1	120.8	129.0
脂肪	—	—	—	—	—	—	—	—
膳食纤维	—	—	—	—	—	—	—	—
维生素 A	116.4	226.9	217.8	202.4	168.8	217.8	461.0	230.2
维生素 B_1	162.5	112.5	112.5	112.5	125.0	112.5	100.0	119.6
维生素 B_2	142.9	157.1	142.9	200.0	142.9	142.9	171.4	157.2
尼克酸（烟酸）	77.5	72.5	107.5	68.8	122.5	107.5	117.5	96.3
维生素 C	229.0	132.8	347.2	175.2	182.8	347.2	119.2	219.1
维生素 E	248.6	244.2	202.9	520.0	251.4	202.9	272.9	277.6
钙	76.5	93.5	85.1	103.2	73.2	85.1	81.9	85.5
磷	255.9	260.8	239.3	249.5	257.0	239.3	238.7	248.6
钾	140.0	144.8	133.2	157.7	163.0	133.2	131.9	143.4
铁	98.0	102.0	101.0	200.0	145.0	101.0	199.0	135.1
锌	138.0	118.1	134.5	141.8	114.5	130.9	114.5	127.5
硒	99.3	143.3	136.0	212.0	121.7	136.0	99.7	135.4

几种能量营养素占总能量的百分比（热能比①）

单位：%

营养素参数	第1日	第2日	第3日	第4日	第5日	第6日	第7日	7日平均值	推荐值	
									AI②	AMDR③
蛋白质	17.00	17.50	15.94	19.67	17.62	18.51	17.15	17.63	—	—
碳水化合物	53.00	51.00	54.30	50.10	50.92	52.96	50.95	51.89	—	50~65
脂肪	30.00	31.5	29.76	30.23	31.46	28.53	31.90	30.48	—	20~35

① 热能比，即三大产能营养素／宏量营养素（蛋白质、碳水化合物、脂肪）提供的能量占能量需要量的百分比。
② 参考《中国居民膳食营养素参考摄入量（2013）》，AI 为适宜摄入量。
③ 参考《中国居民膳食营养素参考摄入量（2013）》，AMDR 为宏量营养素的可接受范围。

第1天

早餐 / 葱香鳝鱼粥

主要原料：粳米 40 克，鳝鱼 40 克，春菜 60 克，
　　　　　山核桃 12 克，香葱 2 克，盐 0.3 克

做法要点：粳米洗净，放入清水中浸泡 20 分钟。
　　　　　将宰杀好的鳝鱼洗净切段。春菜切小段，
　　　　　山核桃切碎作配菜用，香葱切成葱花。
　　　　　将浸泡过的粳米放入锅内，用小火熬至
　　　　　粳米软糯后加入鳝鱼段、春菜段煮熟，
　　　　　加盐调味，最后撒上葱花点缀即可。

上午加餐 / 核桃仁

主要原料：核桃仁 20 克

做法要点：直接食用。

午餐 / 土豆鸡肉盖浇饭

主要原料：粳米60克,土豆45克,鸡肉35克,盐0.5
　　　　克，橄榄油5毫升

做法要点：先蒸好米饭。土豆切成小块，焯水备用。
　　　　鸡肉切丁备用。炒锅加油烧热，将鸡肉
　　　　丁和土豆丁倒入锅中，加入适量水，收
　　　　汁时加盐调味。把土豆鸡丁淋在米饭上，
　　　　摆盘即可。

番茄蛋花汤

主要原料：番茄220克，鸡蛋40克，盐0.5克，
　　　　橄榄油2毫升

做法要点：番茄榨成汁备用。炒锅放油烧热，放入鸡
　　　　蛋炒熟。把鸡蛋盛出，锅中剩下的油继续
　　　　加热，倒入番茄汁，至汤汁浓稠时，把鸡
　　　　蛋倒入番茄汁里拌匀，加盐调味即可。

下午加餐 / 豆腐花

主要原料：豆腐花35克

做法要点：可购买市售产品，也可自制。

晚餐 / 燕麦牛奶饮

主要原料：燕麦片 10 克，纯牛奶 350 毫升

做法要点：把燕麦片放入沸水中焯熟后，加入纯牛奶
搅拌均匀即可。

三明治

主要原料：吐司面包 40 克，午餐肉 20 克，生菜 10 克，
鸡蛋 20 克，橄榄油 8 毫升

做法要点：先把面包烤好，将鸡蛋和午餐肉用油稍
微煎一下，分层夹入面包中即可。

第 2 天

早餐 / **黑芝麻豆浆**

主要原料：黑芝麻 5 克，黄豆 15 克，冰糖 5 克

做法要点：黄豆提前浸泡一晚。将黄豆、黑芝麻、冰糖和适量水倒入豆浆机中打成豆浆，滤去底部渣滓，倒入杯中饮用。

肉包子

主要原料：猪肉 15 克，面粉 40 克，酵母 1 克，葱 2 克，盐 0.3 克，葵花籽油 3 毫升

做法要点：猪肉切成末，葱切碎，将两者混合做成肉馅，加盐、油搅匀。将面粉和酵母混合加水，和成面团，室温发酵至 2 倍大。将面团分成若干个小面剂，擀成包子皮。将肉馅放在面皮的中间，沿着面皮的边缘依次捏合，做成包子，放在室温中醒发 20 分钟。开锅后上锅蒸 15 分钟，关火后闷 3 分钟后取出。

上午加餐 / **蔬果沙拉**

主要原料：黄瓜 50 克，葡萄 50 克，芒果 50 克，圣女果 50 克，酸奶 120 毫升

做法要点：将除酸奶外的所有食材切成小方块，一同放入碗中，淋上酸奶即可。

午餐 / 彩虹饭

主要原料：黄彩椒 50 克，红彩椒 50 克，青椒 50 克，鸡肉 30 克，粳米 55 克，香葱 5 克，盐 0.5 克，葵花籽油 5 毫升，玉米淀粉 3 克，酱油 5 毫升

做法要点：将鸡肉和蔬菜切成丁。米饭事先蒸好。锅中放油加热，先将鸡肉丁裹上玉米淀粉炒熟，再将蔬菜丁放入锅中炒至半熟，加盐调味，倒入米饭翻炒，起锅前加入酱油拌匀即可。

海带豆腐汤

主要原料：海带 20 克，豆腐 50 克，虾皮 5 克，香葱 3 克，盐 0.5 克，葵花籽油 3 毫升

做法要点：海带切小片，豆腐切块。锅中水烧开，放入海带片煮 10 分钟，加入油、豆腐块、香葱、虾皮再煮 3 分钟，加盐调味即可。

下午加餐 / 羊奶

主要原料：羊奶 250 毫升

做法要点：羊奶倒入杯中，隔水加热（温热即可）饮用。

晚餐 / **鲜鱿粥**

主要原料：粳米55克，鱿鱼50克，生菜30克，胡萝
　　　　　卜20克，玉米粒50克，黑木耳5克，玉
　　　　　米淀粉5克，盐1克，葵花籽油8毫升

做法要点：粳米洗净，浸泡20分钟。鱿鱼洗净，去头、
　　　　　内脏和黑色筋膜，用刀在背部划十字花
　　　　　刀。将鱿鱼切成长约5厘米，宽约3厘
　　　　　米的鱿鱼片，爪子部分切成段，裹上玉
　　　　　米淀粉，焯水备用。生菜切段，黑木耳
　　　　　切丝。将粳米放入锅内，用小火熬至软
　　　　　糯后加入其他食材煮熟，加盐调味即可。

第3天

早餐 / **儿童营养汤面**

主要原料：面条 40 克，菠菜 30 克，鹌鹑蛋 30 克，
　　　　　小白菜 20 克，香菇 5 克，盐 0.5 克，
　　　　　橄榄油 5 毫升

做法要点：菠菜、小白菜洗净切成条状。香菇提前
　　　　　泡发好，挤干水分备用。鹌鹑蛋煮 3 分
　　　　　钟，去壳切成两半。锅中水烧开，先下
　　　　　面条，3 分钟后加入香菇、青菜、油煮
　　　　　10 分钟，待食材都煮熟后加盐调味，
　　　　　倒入碗中，把切好的鹌鹑蛋摆盘即可。

上午加餐 / **鲜榨橙汁**

主要原料：鲜榨橙汁 300 毫升

做法要点：橙汁倒入杯中，常温饮用。

午餐 / 紫菜包饭

主要原料： 紫菜5克，糯米50克，青瓜45克，胡萝卜20克，鸡蛋25克，盐0.5克，橄榄油5毫升

做法要点： 先蒸好糯米饭。把青瓜和胡萝卜切成条。鸡蛋打散后加盐调味。锅中倒入橄榄油加热，倒入蛋液，煎成型后切条。在竹片上放一块紫菜，铺上适量糯米饭，用勺子抹平，把青瓜条、胡萝卜条和鸡蛋条铺满紫菜的三分之二，从一头开始卷起，在最后一圈抹些水卷紧。放入蒸笼里大火蒸15分钟，出锅后放凉，切块摆盘。

苦瓜黄豆排骨汤

主要原料： 苦瓜30克，黄豆15克，排骨（猪小排）40克，香菜2克，盐0.5克

做法要点： 苦瓜切成块，黄豆泡发待用，排骨焯水备用。所有食材放入炖盅，加入清水，水要没过食材，炖约半小时后，加入少许食盐调味即可。

下午加餐 / 酸奶

主要原料： 酸奶200克

做法要点： 酸奶常温食用。

晚餐 / **什锦肠粉**

主要原料：籼米粉 65 克，胡萝卜 50 克，金针菇
　　　　　50 克，生菜 30 克，午餐肉 40 克，鸡
　　　　　蛋 30 克，酱油 2 毫升，橄榄油 5 毫升，
　　　　　盐 1 克

做法要点：籼米粉加水拌匀成粉浆。将金针菇、生
　　　　　菜切段。鸡蛋打散，拌匀备用。胡萝卜
　　　　　切成花瓣状，焯水后摆盘。蒸盘底部刷
　　　　　一层油，放入锅中加热，倒入粉浆，蒸
　　　　　成型后，铺上所有食材，加盖蒸 5 分钟，
　　　　　取出蒸盘，用刮板把肠粉卷起，加盐，
　　　　　淋上酱油即可食用。

第 4 天

早餐 / 杂粮豆粥

主要原料：粳米 20 克，黑米 15 克，赤小豆 15 克，红枣 10 克，冰糖 5 克

做法要点：粳米、黑米、赤小豆洗净泡半小时。锅中水烧开，加入粳米、黑米和赤小豆熬煮，半小时后加入红枣和冰糖一起熬煮 10 分钟即可。

水煮蛋

主要原料：鸡蛋 50 克

做法要点：将鸡蛋放入水中煮至全熟即可。

上午加餐 / 酸奶

主要原料：酸奶 200 毫升

做法要点：酸奶常温食用。

午餐 / 鲜贝时蔬汤面

主要原料：鲜贝 50 克，面条 70 克，小白菜 80 克，玉米粒 50 克，鹌鹑蛋 30 克，香葱 5 克，盐 1 克，豆油 5 毫升

做法要点：小白菜洗净切成条状，香葱切碎。鲜贝洗净。鹌鹑蛋水煮 3 分钟，去壳切半备用。锅中水烧开，放入面条、玉米粒和鲜贝，3 分钟后加小白菜、油。10 分钟后加盐调味。将煮好的汤面倒入碗中，把切好的鹌鹑蛋摆上即可。

下午加餐 / 香蕉牛奶

主要原料：香蕉 100 克，牛奶 150 毫升

做法要点：香蕉去皮切块，放入搅拌机，倒入牛奶，搅拌至两者融为一体即可倒出饮用。

晚餐 / 白菜香菇粥

主要原料：大白菜 100 克，香菇 20 克，猪肉末 30 克，胡萝卜 20 克，粳米 40 克，香葱 5 克，盐 1 克，大豆油 5 毫升

做法要点：粳米洗净，浸泡 20 分钟。香菇泡发后切丁。大白菜、胡萝卜切丁。香葱切成葱花。将粳米放入锅内，用小火熬至软糯后，加入除盐和葱花外的其他食材再煮几分钟，煮熟后加盐调味，撒上葱花即可。

银耳百合羹

主要原料：银耳（干）15 克，百合（干）8 克，冰糖 5 克

做法要点：银耳和百合均洗净，泡发备用。锅中水烧开，加入银耳和百合一起熬煮，20 分钟后放入冰糖，搅拌均匀即可。

第 5 天

早餐 / 奶香南瓜粥

主要原料：小米 35 克，南瓜 50 克，纯牛奶 200 毫升，白糖 10 克

做法要点：南瓜去皮切成块，放入搅拌器打成泥。锅中水烧开，放入小米和南瓜泥一起熬煮 15 分钟，倒入纯牛奶搅拌均匀，加入白糖调味即可。

上午加餐 / 梨

主要原料：梨 260 克

做法要点：梨洗净食用。

午餐 / 营养蒸饭套餐（蒸米饭 + 清蒸草鱼 + 拌青菜 + 莲藕豌豆排骨汤）

主要原料：粳米 50 克，草鱼 50 克，小白菜 50 克，莲藕 35 克，豌豆 10 克，排骨（猪小排）35 克，香葱 2 克，姜末 10 克，盐 1 克，橄榄油 5 毫升，酱油 2 毫升

做法要点：先蒸好米饭。莲藕和排骨切成小块，香葱切成葱花。将草鱼治净，沥干，放入

鱼盘中，撒上适量盐、姜末，倒入少许油，用大火蒸熟，撒上葱花，加盖稍焖片刻即可出锅。锅中水烧开，放入莲藕块和排骨块一起慢火熬煮半小时，加入豌豆煮 10 分钟，加盐调味即可。锅中水烧开，把洗好的小白菜放入锅中焯水后捞出，淋上酱油拌匀即可。

主要原料：腰果（熟）5 克，牛奶 150 毫升

做法要点：腰果直接食用。牛奶倒入杯中，隔水加热（温热即可）饮用。

主要原料：虾蓉面 65 克，鸡蛋液 20 克，番茄 100 克，韭菜 30 克，鸡肉 50 克，香葱 3 克，盐 0.5 克，橄榄油 5 毫升

做法要点：韭菜洗净，切成小段。番茄切小块。鸡肉洗净，切丁。香葱一部分切末，一部分切葱花。锅中加入适量的水，烧开，放入面条，3 分钟后加韭菜段、葱末、番茄块和油，10 分钟后将鸡蛋液淋在汤中，搅散，待鸡蛋熟后，加盐调味，撒上葱花即可。

第 6 天

主要原料：粳米 35 克，燕麦片 15 克，山药 30 克，盐 0.5 克，芹菜 3 克

做法要点：山药洗净、去皮，切成小块。芹菜洗净切丁。锅中水烧开，加入粳米、山药块熬煮半小时，加入燕麦片和芹菜丁一起熬煮 10 分钟，加盐调味即可。

水煮蛋

主要原料：鸡蛋 50 克

做法要点：将鸡蛋放入水中煮至全熟即可。

主要原料：哈密瓜 150 克，酸奶 150 毫升

做法要点：哈密瓜去皮、去瓤，切成块食用。酸奶常温饮用。

主要原料：番茄 100 克，牛肉 30 克，挂面 60 克，香葱 3 克，盐 0.8 克，花生油 5 毫升，玉米淀粉 8 克，蚝油 3 毫升

做法要点：番茄切块。牛肉切粒，裹上玉米淀粉。香葱切碎。挂面焯水后过冷水，控干，装碗备用。热锅凉油，将番茄炒至糊状，加入水和牛肉粒熬制一会儿，收汁时加蚝油和盐调味，倒入装有挂面的碗中搅拌均匀后，撒上葱花即可。

蘑菇豆腐汤

主要原料：蘑菇 30 克，豆腐 50 克，香菜 3 克，盐 0.3 克，花生油 2 毫升

做法要点：蘑菇洗净切片。豆腐切块。香菜切小段。锅中水烧开，加入蘑菇片、豆腐块烹煮，加适量花生油，起锅前加盐调味，撒上香菜段即可。

主要原料：羊奶 250 毫升

做法要点：羊奶倒入杯中，隔水加热（温热即可）饮用。

主要原料：马蹄 50 克，猪肉 50 克，馄饨皮适量，香葱 7 克，盐 0.8 克，花生油 5 毫升，酱油 2 毫升

做法要点：马蹄切丁，猪肉剁成肉末，香葱切末，

三者混在一起，搅拌均匀，加少许盐调味。将肉馅裹进馄饨皮中做成馄饨。锅中水烧开，放入馄饨煮熟，盛入碗中。撒上香葱末，淋上热油，再放一点酱油，搅拌均匀即可。

时蔬汤

主要原料：莴笋 120 克，香葱 3 克，盐 0.2 克，花生油 2 毫升

做法要点：莴笋切小段，香葱切成葱花。锅中水烧开放油，放入莴笋段煮熟，加盐调味，撒上葱花即可。

第7天

早餐 / 营养汤饺

主要原料：香菇（干）15 克，虾米 20 克，饺子皮适量，菠菜 30 克，葱花 2 克，盐 1 克，橄榄油 5 毫升

做法要点：香菇、虾米泡发，香菇切丁。菠菜切碎，挤干水分。将香菇丁、虾米和菠菜碎拌在一起作为馅料，加盐调味。将馅料裹进饺子皮，做成饺子。锅中水烧开，放入适量油，将饺子下锅煮熟。加盐调味，撒上葱花点缀即可。

上午加餐 / 核桃 + 牛奶

主要原料：核桃 11 克，牛奶 150 毫升

做法要点：核桃去壳食用。牛奶倒入杯中，隔水加热（温热即可）食用。

午餐 / 什锦炒饭

主要原料：玉米粒 60 克，洋葱 20 克，粳米 60 克，猪肉 30 克，香葱 3 克，盐 1 克，橄榄油 5 毫升

做法要点：先蒸好米饭。将洋葱、猪肉切成末。香葱切碎。锅中油加热，将猪肉末炒熟捞出，再将蔬菜放入锅中炒至半熟，放盐调味，把米饭也放入锅中一起翻炒均匀，再加少许盐调味即可。

冬笋老鸭汤

主要原料：冬笋 55 克，鸭肉 20 克，盐 0.2 克，橄榄油 2 毫升

做法要点：冬笋、鸭肉切成小块。将冬笋和鸭肉放入炖盅，加入清水，水要没过食材，水开后加少许油，炖约半小时后加入少许盐，即可享用。

下午加餐 / 蒸红薯 + 酸奶

主要原料：红薯 15 克，酸奶 180 毫升

做法要点：将红薯洗净，上锅蒸熟。酸奶常温食用。

晚餐 / 五彩通心粉

主要原料：扁豆 20 克，玉米 50 克，胡萝卜 10 克，猪肝 5 克，通心粉 55 克，盐 0.5 克，橄榄油 3 毫升

做法要点：胡萝卜和猪肝切丁。锅中水烧开，放入橄榄油，将所有食材放入锅中煮熟，加盐调味即可。

草莓酸奶

主要原料：草莓 150 克，酸奶 150 毫升

做法要点：草莓洗净切开，放入搅拌机，倒入酸奶，搅拌至二者融为一体即可。

食谱营养解析

每日各类食物量与《中国学龄前儿童平衡膳食宝塔》推荐食物量的比较　　　　单位：克

食物种类	第1日	第2日	第3日	第4日	第5日	第6日	第7日	7日平均值	推荐食物量[1]	
									2~3岁	4~5岁
食盐	2.3	2.3	2.5	2.0	1.5	2.6	1.7	2.1	<2	<3
烹调油	15	19	15	10	10	14	15	14	10~20	20~25
奶及其制品（以鲜奶计）	350	370	350	350	350	400	480	379	350~500	350~500
大豆（以干豆计）	0	15	15	15	10	0	20	11	5~15	10~20
坚果	12	5	0	0	5	0	11	5	—	适量
鱼禽蛋肉类	135	100	125	160	155	130	75	126	100~125	100~125
瘦畜禽肉（以鲜肉计）	35	45	40	30	85	80	55	53	—	—
水产品（以鲜鱼虾计）	40	55	0	50	50	0	20	31	—	—
蛋类（以鲜蛋计）	60	0	85	80	20	50	0	42	50	50
蔬菜类（以新鲜蔬菜计）	292	310	282	260	270	319	230	280	100~200	150~300
水果类（以鲜果计）	260	150	300	100	260	150	150	196	100~200	150~250
谷薯类	145	110	50	75	85	65	75	86	75~125	100~150
全谷物及杂豆（以干重计）	100	110	50	75	85	35	60	74	75~125	100~150
薯类（以鲜重计）	45	0	0	0	0	30	15	13	适量	适量

[1] 内容参考自《中国妇幼人群膳食指南（2016）》，人民卫生出版社。

食谱的每日能量和主要营养素分析

能量和营养素	第1日	第2日	第3日	第4日	第5日	第6日	第7日	7日平均值	RNI 或 AI[1]	UL[2]
能量 / 千卡	1519.43	1435.61	1471.94	1445.96	1500.80	1386.58	1493.59	1464.84	2300	—
蛋白质 / 克	55.47	54.80	57.43	61.41	74.10	56.74	62.36	60.33	30	—
可消化碳水化合物 / 克	211.77	203.91	201.30	224.57	182.03	198.38	222.59	206.36	—	—
脂肪 / 克	50.06	44.53	48.56	33.56	52.92	40.68	39.31	44.23	—	—
膳食纤维 / 克	7.25	13.05	11.13	19.60	14.92	5.98	13.90	12.26	—	—
维生素 A / 微克 RAE[3]	534.69	755.25	858.51	718.55	569.60	760.70	665.40	694.67	360	900
维生素 B$_1$ / 毫克	0.75	0.91	0.80	0.90	0.71	1.00	0.97	0.86	0.8	—
维生素 B$_2$ / 毫克	1.38	1.00	1.28	1.57	1.09	1.09	1.48	1.27	0.7	—
尼克酸（烟酸）/ 毫克	11.18	8.93	11.57	14.67	11.83	14.31	13.78	12.32	8	15
维生素 C / 毫克	71.83	163.70	145.16	97.90	79.60	52.52	145.80	108.07	50	600
维生素 E / 毫克	15.17	24.40	9.82	18.16	11.24	13.61	6.58	14.14	7	200
钙 / 毫克	609.64	723.69	664.94	652.90	565.07	607.15	699.83	646.17	800	2000
磷 / 毫克	872.01	1028.39	814.18	1079.06	884.48	1095.18	1019.07	970.34	350	—
钾 / 毫克	1703.42	2066.55	2037.64	2074.30	1841.39	2224.81	1917.21	1980.76	1200	—
铁 / 毫克	11.84	23.97	17.33	16.26	11.69	15.84	17.86	16.40	10	30
锌 / 毫克	8.53	7.79	9.24	10.75	7.63	8.94	10.10	9.00	5.5	12
硒 / 微克	40.41	34.16	35.82	69.14	35.53	38.24	41.98	42.18	30	150
DHA[4]+EPA[5] / 毫克	—	—	—	—	—	—	—			
DHA / 毫克	—	—	—	—	—	—	—		100	

① 参考《中国居民膳食营养素参考摄入量（2013）》，RNI 为推荐摄入量；AI 为适宜摄入量。
② 参考《中国居民膳食营养素参考摄入量（2013）》，UL 为可耐受最高摄入量。
③ 维生素 A 的量以视黄醇活性当量表示。
④ DHA：二十二碳六烯酸。
⑤ EPA：二十碳五烯酸。

食谱每日能量达到能量需要量的百分比【能量／能量需要量（EER）】和主要营养素摄入量达到推荐摄入量的百分比【营养素摄入量／推荐摄入量（RNI）】

单位：%

能量和营养素	第1日	第2日	第3日	第4日	第5日	第6日	第7日	7日平均值
能量	108.53	102.54	105.14	103.28	107.20	99.04	106.69	104.63
蛋白质	184.80	182.67	191.43	204.70	247.00	189.13	207.86	201.08
可消化碳水化合物	176.48	169.93	167.75	187.14	151.69	165.32	185.49	171.97
脂肪	—	—	—	—	—	—	—	—
膳食纤维	—	—	—	—	—	—	—	—
维生素 A	148.53	209.79	238.48	199.60	158.22	211.31	184.83	192.97
维生素 B$_1$	93.75	113.75	100.00	112.50	88.75	125.00	121.25	107.86
维生素 B$_2$	197.14	142.86	182.86	224.29	155.71	155.71	211.43	181.43
尼克酸（烟酸）	139.75	111.63	144.63	183.38	147.88	178.88	172.25	154.06
维生素 C	143.66	327.40	290.32	195.80	159.20	105.04	291.60	216.15
维生素 E	216.71	348.57	140.29	259.43	160.57	194.43	94.00	202.00
钙	76.21	90.46	83.11	81.61	70.63	75.89	87.48	80.77
磷	249.15	293.83	232.62	308.30	252.71	312.91	291.16	277.24
钾	141.95	172.21	169.80	172.86	153.45	185.40	159.77	165.06
铁	118.40	239.70	173.30	162.60	116.90	158.40	178.40	163.96
锌	155.09	141.64	168.00	195.45	138.73	162.55	183.64	163.59
硒	134.70	113.87	119.40	230.47	118.43	127.47	139.93	140.61

几种能量营养素占总能量的百分比（热能比①）

单位：%

营养素参数	第1日	第2日	第3日	第4日	第5日	第6日	第7日	7日平均值	推荐值 AI②	推荐值 AMDR③
蛋白质	14.60	15.18	15.61	16.99	19.75	16.37	16.70	16.46	—	—
碳水化合物	55.75	56.84	54.70	62.12	48.52	57.23	59.61	56.39	—	50~65
脂肪	29.65	27.98	29.69	20.89	31.73	26.40	23.69	27.15	—	20~30

① 热能比，即三大产能营养素 / 宏量营养素（蛋白质、碳水化合物、脂肪）提供的能量占能量需要量的百分比。
② 参考《中国居民膳食营养素参考摄入量（2013）》，AI 为适宜摄入量。
③ 参考《中国居民膳食营养素参考摄入量（2013）》，AMDR 为宏量营养素的可接受范围。

第1天

早餐 / **豆浆**

主要原料：黄豆 15 克，花生仁 8~9 粒

做法要点：将洗好的黄豆、花生仁放入豆浆机，加入 150 毫升水，打成豆浆。

葱花虾皮蒸蛋

主要原料：鸡蛋 1 个，虾皮、香葱各少许

做法要点：鸡蛋打入碗里，倒入开水搅拌均匀，上锅大火蒸 7 分钟，撒上虾皮、葱末，加上香油、酱油即可。

玉米面窝窝头

主要原料：玉米面粉 90 克，全麦面粉 120 克，纯牛奶 200 毫升，胡萝卜少许，红豆 2 粒

做法要点：全麦面粉、玉米面粉混合均匀，加纯牛奶揉成面团，待面醒发后，把面团做成鸭子形状，用胡萝卜、红豆装饰后上蒸笼大火蒸 5 分钟，转中火继续蒸 10 分钟即可。

素炒三丁

主要原料：豇豆 10 克，香菇 5 克，红彩椒 5 克

做法要点：将所有食材洗净后切成丁，豇豆焯水备用。热锅凉油，放入所有食材丁炒熟后调味即可。

上午加餐 / **火龙果**

主要原料：火龙果 80 克

做法要点：火龙果切片食用。

双色杂粮饭

主要原料：大米 60 克，小米 60 克，胡萝卜、紫包
　　　　　菜、红豆、枸杞各少许

做法要点：大米、小米洗净后放入电饭煲中蒸熟，
　　　　　用胡萝卜、紫包菜、红豆、枸杞装饰即可。

丝瓜枸杞炒木耳

主要原料：丝瓜 80 克，木耳 10 克，枸杞 2 克

做法要点：木耳用温水泡发，撕成小朵。丝瓜洗净，
　　　　　切成块。热锅凉油，放入丝瓜煸炒，加
　　　　　入木耳一起翻炒，起锅时撒上枸杞，加
　　　　　盐调味即可。

肉末烧豆腐

主要原料：豆腐 25 克，胡萝卜 20 克，肉末 40 克，
　　　　　葱花少许

做法要点：胡萝卜洗净，切成丁。豆腐切小块。热锅
　　　　　凉油，将肉末炒香，加入适量水、豆腐、
　　　　　胡萝卜烧熟并调味，勾芡后撒上葱花即可。

香菇青菜汤

主要原料：青菜 30 克，香菇 20 克

做法要点：青菜、香菇洗净，青菜切段，香菇切块，
　　　　　加入水烧开，煮熟后调味即可。

下午加餐 / 鲜牛奶 + 香蕉

主要原料：鲜牛奶 200 毫升，香蕉 150 克

做法要点：鲜牛奶倒入杯中，常温饮用。香蕉切成
　　　　　段食用。

晚餐 / 蔬菜粥

主要原料：大米 30 克，西芹丁、胡萝卜丁共 20 克

做法要点：大米洗净，放入锅里，煮至黏稠后加入盐、胡萝卜丁、西芹丁搅拌均匀，再熬煮片刻即可。

西蓝花炒虾仁

主要原料：西蓝花 50 克，虾仁 60 克，玉米粒 5 克，核桃仁 10 克

做法要点：西蓝花洗净，拆成小朵。虾仁洗净。热锅凉油，放入虾仁爆香，加入玉米粒、西蓝花炒熟，撒上核桃仁点缀即可。

晚间加餐 / 酸奶 + 腰果 + 饼干 + 番茄

主要原料：酸奶 130 毫升，腰果 10 克，番茄、饼干各适量

做法要点：酸奶中放上饼干，常温食用。腰果直接食用。番茄洗净切片食用。

第2天

早餐 / 素饺

主要原料：胡萝卜 100 克，全麦面粉 47 克，黄瓜
30 克，香菇、白菜、玉米粒各适量，
饼干 5 块

做法要点：胡萝卜榨成汁，加入全麦面粉和成面团。
香菇、白菜切碎末，加入玉米粒拌匀成
馅。将面团擀成饺子皮，包入馅料做成
饺子，上锅蒸熟，用黄瓜和饼干装饰即可。

番茄青菜虾皮汤

主要原料：紫菜 5 克，虾皮 10 克，青菜 50 克，番
茄 50 克

做法要点：番茄、青菜洗净，切好待用。锅中水烧开，
加入番茄、青菜煮熟，加入虾皮、紫菜、
盐调味即可。

上午加餐 / 牛奶

主要原料：牛奶 200 毫升

做法要点：牛奶倒入杯中，隔水加热（温热即可）
饮用。

午餐 / 黑米红豆饭

主要原料：黑米 35 克，糙米 10 克，大米 20 克，红豆 10 克

做法要点：将所有食材洗净，放入电饭锅，加入适量水，煮成米饭。

香干炒西芹

主要原料：西芹 40 克，香干 20 克，葱花 5 克，红彩椒丝 5 克

做法要点：香干、西芹洗净，切成丝。热锅凉油，放入香干丝、西芹丝、红彩椒丝炒熟，加葱花、盐调味即可出锅。

烧丸子

主要原料：万年青 50 克，干银耳 10 克，瘦肉 40 克，香菜 1 根，枸杞 3 粒

做法要点：瘦肉剁碎，用蛋清、生粉上浆，做成小丸子，加入泡发的银耳、万年青，烧熟调味，用香菜、枸杞装饰即可。

下午加餐 / 缤纷蔬果盘（番茄、橙子、提子、黄瓜、火龙果）+腰果

主要原料：果蔬共 100 克，腰果 10 克

做法要点：将所有果蔬切成块，混合在一起食用。腰果直接食用。

晚餐 / 西葫芦饼

主要原料：西葫芦80克，胡萝卜30克，鸡蛋1个，牛奶150毫升，黑芝麻5克，面粉少许

做法要点：西葫芦、胡萝卜洗净，切成丝，打入鸡蛋，放入牛奶、黑芝麻、少许面粉调成糊状，放入电饼铛摊成饼，切成心形即可。

香煎银鳕鱼

主要原料：银鳕鱼60克，黄瓜片20克，番茄、紫包菜、香菜叶各少许

做法要点：银鳕鱼治净后，腌制30分钟，放入锅中煎成金黄色，调味后盛出，放入用黄瓜片垫底的盘中，淋上酱油，用番茄、紫包菜、香菜叶装饰即可。

菠菜猪血汤

主要原料：菠菜40克，猪血30克，胡萝卜10克

做法要点：菠菜、猪血、胡萝卜洗净备用。菠菜切成2~3厘米的段。猪血切成小块。胡萝卜切成丝。锅中水烧开，放入所有食材，烧熟后调味即可。

晚间加餐 / 雪梨山楂银耳羹

主要原料：银耳30克，雪梨100克，山楂2个

做法要点：将银耳泡发备用。雪梨洗净，去皮，切成块。山楂洗净，切成片，将所有食材一同放入锅中，煮至黏稠即可。

第3天

主要原料：牛奶 200 毫升

做法要点：牛奶倒入杯中，隔水加热（温热即可）
　　　　　饮用。

翡翠饼

主要原料：全麦面粉 20 克，菠菜 50 克，鸡蛋 50 克

做法要点：菠菜洗净，放入料理机打成汁，加入全
　　　　　麦面粉、鸡蛋，搅拌成糊状，放入电饼
　　　　　铛，煎熟即可。

番茄土豆片

主要原料：番茄 50 克，土豆 30 克

做法要点：把番茄切块，土豆切片。热锅凉油，放
　　　　　入食材炒熟后调味即可。

主要原料：南瓜 50 克，腰果 15 克

做法要点：将南瓜去皮去瓤，切成块，放入料理机
　　　　　打成羹，倒入碗中食用。腰果直接食用。

午餐 / 海鲜意大利面

主要原料：虾仁 50 克，意大利面 80 克，蛤蜊 80 克

做法要点：意大利面煮熟。虾仁和蛤蜊炒熟后浇汁到意大利面上拌匀即可。

凉拌茼蒿

主要原料：茼蒿 100 克，坚果仁 15 克，红彩椒粒 5 克

做法要点：茼蒿洗净，切成小段，加入坚果仁、红彩椒粒拌匀，调味即可。

苹果汁

主要原料：苹果 100 克

做法要点：苹果洗净，放入榨汁机榨成汁。

下午加餐 / 果蔬沙拉 + 巧克力饼干

主要原料：水果、蔬菜各适量，巧克力饼干 25 克

做法要点：水果、蔬菜洗净，切成大小相当的块，拌匀调味即可食用。巧克力饼干直接食用。

晚餐 / 葱香茄子

主要原料：茄子 80 克，香葱末、红彩椒粒各少许

做法要点：茄子洗净，切花刀，加入香葱末、红彩椒粒拌匀调味，上锅蒸熟即可。

糖醋排骨

主要原料：排骨 100 克，淀粉 10 克，番茄酱、苦苣各少许

做法要点：排骨洗净后裹上一层淀粉，放入油中煎熟，加入番茄酱勾芡，出锅后放入苦苣点缀即可。

素炒彩丁

主要原料：西芹 15 克，胡萝卜 10 克，北豆腐 10 克

做法要点：将所有食材洗净，切成丁。锅中油加热，放入西芹丁爆香，加入北豆腐丁、胡萝卜丁烧熟，调味装盘。

糙米紫薯饭

主要原料：大米 50 克，糙米 15 克，紫薯 10 克

做法要点：紫薯切成丁。糙米、大米洗净，与紫薯丁一起倒入电饭锅中，蒸熟即可。

晚间加餐 / 牛奶

主要原料：牛奶 130 毫升

做法要点：牛奶倒入杯中，隔水加热（温热即可）饮用。

第4天

早餐 / 蔬菜粥

主要原料：菠菜40克，胡萝卜10克，猪肝10克，菌菇5克，小米50克

做法要点：将所有食材洗净，将菠菜、胡萝卜、猪肝、菌菇切成丁。猪肝、菌菇焯水备用。小米放入锅中煮至黏稠后，依次加入胡萝卜丁、菌菇丁、猪肝丁煮熟，起锅前放入菠菜，调味即可食用。

鸡蛋蔬菜卷

主要原料：鸡蛋50克，生菜50克，紫包菜2克，豆腐皮10克，全麦面粉40克

做法要点：全麦面粉中加入鸡蛋和水搅拌均匀，倒入平底锅中，摊成面皮，煎熟。将生菜、豆腐皮、紫包菜洗净，切成丝，卷入面皮中即可食用。

上午加餐 / 牛奶＋钙奶饼干

主要原料：牛奶200毫升，钙奶饼干3块

做法要点：牛奶倒入杯中，隔水加热（温热即可）饮用。钙奶饼干直接食用。

午餐 / 双菇炒米饭

主要原料：米饭75克，平菇、香菇共30克，红彩椒10克

做法要点：将蔬菜切成丁备用。热锅放油，将米饭与蔬菜丁一同放入锅中，炒熟后调味装盘。

黄瓜炒玉米粒

主要原料：黄瓜50克，玉米粒30克

做法要点：黄瓜洗净切成块。锅中油加热，将黄瓜块和玉米粒炒熟即可。

胡萝卜炒肉丝

主要原料：胡萝卜丝30克，里脊肉丝20克，青椒丝10克

做法要点：用鸡蛋清给里脊肉丝上浆，与胡萝卜丝、青椒丝一起炒熟即可。

山药红枣乳鸽汤

主要原料：乳鸽50克，枸杞3克，山药10克，红枣3颗

做法要点：山药切滚刀块。红枣洗净。乳鸽焯水后下锅炖45分钟，加入山药块、红枣、枸杞，转文火炖15分钟，调味即可。

下午加餐 / 草莓

主要原料：草莓100克

做法要点：草莓洗净即可食用。

晚餐 / 茄子番茄面

主要原料：番茄50克，茄子50克，全麦面粉60克

做法要点：全麦面粉中加入适量的水，和成面团，醒20分钟，擀制成面条。将番茄、茄子炒熟后，加入煮好的面条中，搅拌均匀即可。

百合黄花菜烩豆腐

主要原料：豆腐100克，鲜百合10克，黄花菜10克

做法要点：将所有食材洗净，先把黄花菜、百合炒熟，加少许水烧开，加入豆腐煮熟，调味勾芡即可。

蒸白鱼

主要原料：白鱼80克，火腿丝10克，枸杞7~8粒，葱丝、姜丝各适量

做法要点：白鱼治净放入盘中，加入料酒、姜丝、火腿丝，撒上适量盐，上锅蒸8分钟，取出后放上葱丝、枸杞即可。

晚间加餐 / 黑米豆糊

主要原料：黑米20克，黄豆10克，核桃仁5克

做法要点：将黄豆提前一晚浸泡，与黑米、核桃仁、200毫升开水一起放入料理机内，打成糊。

第5天

早餐 / 玉米面发糕

主要原料：面粉 30 克，玉米面粉 25 克

做法要点：将玉米面粉、面粉混合，加入适量水和牛奶搅拌均匀，加入适量酵母，发酵后放入容器中，上锅蒸熟即可。

银鱼炖蛋

主要原料：鸡蛋 50 克，银鱼 20 克

做法要点：银鱼焯水后取出，打入蛋液，加入温水，搅拌均匀，上锅蒸 7 分钟，撒上葱末，加香油、酱油调味即可。

什锦菜拌木耳丝

主要原料：苦苣 20 克，紫包菜 10 克，红彩椒 10 克，百叶 10 克，木耳 20 克

做法要点：将所有食材洗净，切成细丝。百叶焯水后与其他蔬菜拌在一起，加入酱油、陈醋、香油调味，搅拌均匀即可。

上午加餐 / 花生酱面包片

主要原料：面包片 25 克，花生酱 5 克

做法要点：将花生酱涂抹在面包片上食用。

午餐 / 三彩米饭

主要原料：黑米、糙米、大米共 75 克

做法要点：将三种米洗净，放入电饭锅，加入适量水蒸成米饭。

黄豆焖鸡翅

主要原料：鸡翅中 60 克，黄豆 10 克，水发海带 10 克，胡萝卜 10 克

做法要点：将所有食材洗净。黄豆提前浸泡。锅中油加热，放入葱、姜爆香，加入鸡翅中、黄豆、海带、胡萝卜和适量水炖熟调味即可。

番茄西蓝花

主要原料：番茄 50 克，西蓝花 20 克

做法要点：所有食材洗净。西蓝花焯水。锅中油加热，放入番茄煸炒出汁，放入西蓝花炒熟，调味即可。

下午加餐 / 梨

主要原料：梨 100 克

做法要点：梨洗净食用。

晚餐 / 韭菜包

主要原料：面粉 50 克，韭菜 50 克

做法要点：韭菜切碎，加调料制成韭菜馅。面粉加水和成面团，发酵后做成包子皮，包入韭菜馅做成包子坯，上锅蒸熟。

烧二冬

主要原料：冬菇 100 克，冬笋 80 克，胡萝卜 10 克

做法要点：所有食材洗净。冬菇、冬笋、胡萝卜切成菱形片。锅中油加热，放入葱、姜爆香，加入冬菇片、冬笋片、胡萝卜片焖熟，调味即可。

荷兰豆炒虾仁

主要原料：荷兰豆 50 克，虾仁 50 克，枸杞 7~8 粒

做法要点：荷兰豆洗净，焯水待用。虾仁洗净，炒至半熟，加入荷兰豆、枸杞炒熟即可。

晚间加餐 / 酸奶坚果仁

主要原料：酸奶 130 毫升，坚果仁 20 克

做法要点：将酸奶倒入杯中，放入坚果仁，搅拌均匀即可。

第 6 天

早餐 / 荞麦面葱油饼
主要原料：荞麦面 25 克

做法要点：荞麦面中加入适量的水与葱末和成面团，做成小饼状，放入电饼铛煎熟。

黄瓜炒蛋
主要原料：黄瓜 50 克，鸡蛋 50 克

做法要点：黄瓜洗净，切成片。热锅凉油，倒入鸡蛋炒熟，盛出待用。倒入黄瓜片爆炒，加入鸡蛋一起翻炒，调味即可。

小米山药粥
主要原料：小米 30 克，山药 10 克，枸杞 4~5 粒

做法要点：小米、山药洗净，放入锅中加水煮至黏稠，出锅前放入枸杞。

上午加餐 / 胡萝卜橙汁 + 饼干
主要原料：胡萝卜橙汁 250 毫升，饼干 3 片

做法要点：胡萝卜橙汁倒入杯中，常温饮用。饼干直接食用。

午餐 / 紫菜包饭
主要原料：黑米 40 克，紫菜 3 克，黄瓜 10 克，胡萝卜 10 克，黑芝麻 5 克

做法要点：黑米煮成米饭。把黄瓜、胡萝卜洗净，切成丝。用紫菜把所有食材卷起来，切成小段，蘸花生酱食用。

番茄虾仁豆腐
主要原料：番茄 40 克，虾仁 30 克，豆腐丁 30 克

做法要点：将所有食材洗净。虾仁焯水后待用。热锅凉油，放入番茄煸炒至出汁，加入豆腐丁、虾仁焖煮收汁，调味装盘。

冬笋菌菇鸡汤
主要原料：冬笋 50 克，香菇 20 克，土鸡 60 克

做法要点：冬笋、香菇洗净后切成块。土鸡治净后切成块。所有食材放入锅中炖熟即可。

下午加餐 / 橙汁 + 玉米
主要原料：橙汁 100 毫升，玉米 50 克

做法要点：橙汁倒入杯中，常温饮用。玉米煮熟食用。

晚餐 / 白菜胡萝卜丝包子
主要原料：全麦面粉 25 克，白菜、胡萝卜、葱末各适量

做法要点：全麦面粉中加入适量的水和成面团，把白菜、胡萝卜切成丝，放入葱末调成馅。待面团醒发后擀成皮，包入馅，做成包子坯，上锅蒸熟即可。

木耳炒牛肉丝
主要原料：水发木耳 50 克，牛肉 30 克，青椒、红彩椒共 50 克

做法要点：水发木耳、牛肉、青椒、红彩椒都切成丝。热锅放入油，将牛肉丝、青椒丝、红彩椒丝、木耳丝依次加入炒熟，调味即可。

菌菇浓汤
主要原料：香菇 30 克，杏鲍菇 40 克，土豆 20 克，青菜 10 克

做法要点：把香菇、杏鲍菇、土豆、青菜切成小丁，焯水后放入料理机，加入适量水按"五谷键"即可。

晚间加餐 / 酸奶 + 面包
主要原料：酸奶 130 毫升，面包 30 克

做法要点：酸奶倒入杯中，常温食用。面包直接食用。

第7天

早餐 / **蔬菜三明治**

主要原料：熟牛肉 40 克，面包片 35 克，生菜 20 克，番茄 1 片，奶酪 5 克，鸡蛋 25 克

做法要点：面包片切成三角形。熟牛肉切成片，生菜撕成小片，鸡蛋摊成蛋皮，将所有食材夹在两片面包中间即可。

黑米豆浆

主要原料：黄豆 20 克，黑米 10 克，花生米 10 克

做法要点：黄豆提前浸泡，将黑米、黄豆、花生米和 150 毫升水放入豆浆机，按豆浆键打成豆浆即可。

上午加餐 / **鲜牛奶 + 杂粮饼干**

主要原料：鲜牛奶 250 毫升，杂粮饼干 3 块

做法要点：鲜牛奶常温饮用。杂粮饼干直接食用。

午餐 / **青菜炒小米饭**

主要原料：青菜 50 克，小米 50 克，香菇粒 10 克，玉米粒 10 克

做法要点：蒸好小米饭。青菜切成段。热锅加入小米饭、青菜段、香菇粒、玉米粒一起炒熟，装盘即可。

菜心炒香菇

主要原料：菜心 100 克，香菇 50 克

做法要点：菜心洗净切成段，香菇切成薄片。锅中油加热，放入菜心段、香菇片，炒熟即可。

鲫鱼豆腐汤

主要原料：鲫鱼 60 克，豆腐 30 克，香菇 10 克

做法要点：将所有食材洗净。锅中油加热，放入葱、姜爆香，将鲫鱼煎至两面微黄，加入水、香菇、豆腐一起熬煮，起锅前调味，加葱花点缀即可。

下午加餐 / **冬枣**

主要原料：冬枣 100 克

做法要点：冬枣洗净食用。

晚餐 / **南瓜馒头**

主要原料：南瓜 30 克，面粉 50 克

做法要点：南瓜煮熟后压成泥。面粉中加入适量的水和南瓜泥，和成面团，做成馒头坯，上锅蒸熟即可。

番茄炒鲜贝

主要原料：番茄 80 克，鲜贝 60 克

做法要点：番茄、鲜贝洗净，鲜贝焯水待用。锅中油加热，放入番茄煸炒出汁，加入鲜贝炒熟，调味装盘。

花生酱拌秋葵

主要原料：秋葵 80 克，花生酱适量

做法要点：秋葵洗净后切成片，焯水后装入盘中。将花生酱浇到秋葵上，拌匀即可。

晚间加餐 / **红枣银耳雪梨羹**

主要原料：红枣 10 克，银耳 10 克，雪梨 60 克

做法要点：银耳泡发，撕成小朵。红枣、雪梨洗净，红枣去核，雪梨去皮切成块。将银耳、红枣、雪梨一同放入锅中，煮熟即可。

食谱营养解析

每日各类食物量与《中国学龄前儿童平衡膳食宝塔》推荐食物量的比较　　　　单位：克

食物种类	第1日	第2日	第3日	第4日	第5日	第6日	第7日	7日平均值	推荐食物量[1]	
									2~3岁	4~5岁
食盐	2	3	3	3	2	2	2	2	< 2	< 3
烹调油	25	25	25	30	25	25	25	26	10~20	20~25
奶及其制品（以鲜奶计）	330	200	200	350	200	250	250	254	350~500	350~500
大豆（以干豆计）	12	10	10	10	15	10	20	12	5~15	10~20
坚果	20	10	20	5	10	10	15	13	—	适量
鱼禽蛋肉类	150	230	160	150	160	185	180	174	100~125	100~125
瘦畜禽肉（以鲜肉计）	40	130	60	40	90	40	80	69		
水产品（以鲜鱼虾计）	60	50	50	60	40	120	50	61		
蛋类（以鲜蛋计）	50	50	50	50	30	25	50	44	50	50
蔬菜类（以新鲜蔬菜计）	205	330	340	225	250	340	300	284	100~200	150~300
水果类（以鲜果计）	100	100	100	200	100	100	100	114	100~200	150~250
谷薯类	300	215	225	212	250	175	255	233	75~125	100~150
全谷物及杂豆（以干重计）	280	205	205	202	220	145	175	205	75~125	100~150
薯类（以鲜重计）	20	10	20	10	30	30	80	29	适量	适量

[1] 内容参考自《中国妇幼人群膳食指南（2016）》，人民卫生出版社。

食谱的每日能量和主要营养素分析

能量和营养素	第1日	第2日	第3日	第4日	第5日	第6日	第7日	7日平均值	RNI 或 AI[1]	UL[2]
能量 / 千卡	1624.41	1483.00	1640.93	1548.18	1641.10	1650.50	1642.29	1604.34	—	—
蛋白质 / 克	47.41	38.57	30.49	60.74	46.86	58.27	62.08	49.20	30	—
可消化碳水化合物 / 克	232.73	214.00	231.00	221.13	221.01	212.00	212.80	220.67	—	—
脂肪 / 克	58.25	51.00	34.79	46.70	57.01	61.99	66.20	53.71	—	—
膳食纤维 / 克	15.54	123.03	1105.00	22.84	84.05	25.08	11.65	198.17	—	—
维生素 A / 微克 RAE[3]	1198.70	896.20	271.97	784.70	410.21	820.09	843.07	746.42	360	900
维生素 B_1 / 毫克	1.32	1.12	1.40	1.26	1.06	0.92	1.02	1.16	0.8	—
维生素 B_2 / 毫克	3.94	1.35	5.65	1.06	4.84	1.53	1.61	2.85	0.7	—
尼克酸（烟酸）/ 毫克	11.91	18.33	27.96	14.91	30.04	18.97	11.72	19.12	8	15
维生素 C / 毫克	53.35	83.07	118.22	50.00	150.21	282.76	120.56	122.60	50	600
维生素 E / 毫克	14.27	18.47	23.71	13.76	34.45	24.58	42.78	24.57	7	200
钙 / 毫克	716.46	647.57	1108.40	806.31	712.16	707.76	682.90	768.79	800	2000
磷 / 毫克	732.80	1071.28	674.40	775.23	410.95	1192.16	979.94	833.82	350	—
钾 / 毫克	1728.24	1910.61	1315.01	1052.00	1280.80	1752.53	1489.27	1504.07	1200	—
铁 / 毫克	30.70	27.47	44.04	20.41	31.94	29.02	33.77	31.05	10	30
锌 / 毫克	9.77	12.48	48.78	11.39	22.45	14.58	11.60	18.72	5.5	12
硒 / 微克	38.29	34.69	63.65	33.92	40.91	89.31	89.45	55.75	30	150
DHA[4]+EPA[5] / 毫克	150.00	0	150.00	150.00	150.00	0	150.00	107.14	—	—
DHA / 毫克	100.00	0	100.00	100.00	100.00	0	100.00	71.43	100	—

① 参考《中国居民膳食营养素参考摄入量（2013）》，RNI 为推荐摄入量；AI 为适宜摄入量。
② 参考《中国居民膳食营养素参考摄入量（2013）》，UL 为可耐受最高摄入量。
③ 维生素 A 的量以视黄醇活性当量表示。
④ DHA：二十二碳六烯酸。
⑤ EPA：二十碳五烯酸。

食谱每日能量达到能量需要量的百分比【能量／能量需要量（EER）】和主要营养素摄入量达到推荐摄入量的百分比【营养素摄入量／推荐摄入量（RNI）】

单位：%

能量和营养素	第1日	第2日	第3日	第4日	第5日	第6日	第7日	7日平均值
能量	100	93	101	97	102	103	102	100
蛋白质	190	150	108	240	190	160	250	184
可消化碳水化合物	—	—	—	—	—	—	—	—
脂肪	—	—	—	—	—	—	—	—
膳食纤维	—	—	—	—	—	—	—	—
维生素 A	333	249	76	218	114	228	234	207
维生素 B_1	164	140	175	174	133	114	127	147
维生素 B_2	562	190	807	806	692	219	230	501
尼克酸（烟酸）	149	230	350	349	375	237	146	262
维生素 C	107	170	236	236	300	566	241	265
维生素 E	204	260	339	338	492	351	611	371
钙	90	80	139	137	89	88	85	101
磷	209	310	193	191	117	341	280	234
钾	144	260	110	105	107	146	124	142
铁	307	270	440	439	319	290	338	343
锌	98	120	488	488	225	146	116	240
硒	128	120	212	206	136	298	298	200

几种能量营养素占总能量的百分比（热能比[①]）

单位：%

营养素参数	第1日	第2日	第3日	第4日	第5日	第6日	第7日	7日平均值	推荐值	
									AI[②]	AMDR[③]
蛋白质	14	10	11	14	15	15	15	13	—	—
碳水化合物	54	57	55	55	54	51	51	54	—	50~65
脂肪	32	33	34	31	31	34	34	33	—	20~35

① 热能比，即三大产能营养素 / 宏量营养素（蛋白质、碳水化合物、脂肪）提供的能量占能量需要量的百分比。
② 参考《中国居民膳食营养素参考摄入量（2013）》，AI 为适宜摄入量。
③ 参考《中国居民膳食营养素参考摄入量（2013）》，AMDR 为宏量营养素的可接受范围。

第1天

早餐 / 小米核桃粥

主要原料：小米10克，核桃仁5克

做法要点：将小米洗净，与核桃仁一起放入锅中，
加入适量水煮成粥即可。

鹌鹑蛋牛奶土豆泥

主要原料：鹌鹑蛋10克，土豆50克，牛奶50毫升，
胡萝卜20克，木耳10克，洋葱25克，
盐0.75克，黑胡椒粉1克，花生油5毫
升

做法要点：鹌鹑蛋、土豆煮熟，切碎，加入牛奶制
成糊状。木耳焯烫后切碎。胡萝卜、洋
葱切碎。锅中油加热，将胡萝卜碎、洋
葱碎倒入锅中翻炒，加盐和黑胡椒粉调

味后盛出，与牛奶土豆泥、木耳碎拌匀
即可。

上午加餐 / 酸奶水果拼盘

主要原料：猕猴桃40克，芒果40克，酸奶150
毫升

做法要点：猕猴桃切开食用。芒果洗净，去皮，切
花刀食用。酸奶倒入碗中，常温食用。

午餐 / 米饭

主要原料：大米 45 克

做法要点：大米洗净，放入锅中，加入适量水，蒸
　　　　　成米饭。

双花汆牛肉

主要原料：牛肉 13 克，西蓝花 20 克，花菜 50 克，
　　　　　玉米淀粉 15 克，香油 5 毫升，生抽 1
　　　　　毫升

做法要点：牛肉切成片，用蚝油调味，裹上玉米淀粉，
　　　　　放入沸水中烫至熟嫩。西蓝花和花菜拆
　　　　　成小朵，放入沸水中烫熟，将处理好的
　　　　　食材拌匀，加少许生抽和香油调味即可。

上汤芥蓝

主要原料：芥蓝 30 克，咸鸭蛋 2 克，玉米油 3 毫升

做法要点：咸鸭蛋煮熟后去皮碾碎。锅中油烧热，
　　　　　加入水煮沸，放入芥蓝煮熟后加入咸鸭
　　　　　蛋即可。

下午加餐 / 开胃红豆沙

主要原料：红豆 15 克，榛子 10 克，山楂 30 克，
　　　　　雪梨 40 克

做法要点：红豆煮软后压成泥状。山楂去核，煮软
　　　　　后压成泥状。榛子去壳，与雪梨一起打
　　　　　成糊状，与红豆泥和山楂泥搅拌均匀，
　　　　　即可食用。

晚餐 / 杂粮饭

主要原料：红薯 40 克，黑米 10 克，大米 30 克

做法要点：黑米、大米洗净，放入锅中，加适量水
蒸成米饭。红薯洗净，去皮，切成块，
上锅蒸熟，摆在米饭四周即可。

豆腐海鲜疙瘩汤

主要原料：花蛤 5 克，南豆腐 10 克，小白菜 50 克，
面粉 20 克，紫菜 1.5 克，虾皮 1 克，
花生油 3 毫升，盐 0.5 克

做法要点：面粉中加适量清水做成疙瘩状小面团。
其他食材加入沸水中煮开，放入面疙瘩
煮熟，调味即可。

晚间加餐 / 牛奶玉米捞

主要原料：鲜玉米 20 克，牛奶 100 毫升

做法要点：将牛奶倒入碗中，玉米煮熟后掰下玉米
粒，与牛奶同食。

第 2 天

早餐 / **燕麦饭**

主要原料：燕麦 10 克，大米 20 克

做法要点：将燕麦、大米洗净，放入锅中，加入适
量水蒸成米饭。

花生拌豆干

主要原料：花生 5 克，卤豆腐干 5 克，生抽 1 毫升，
香油 3 毫升

做法要点：花生磨成细粉，与切成丁的卤豆腐干拌
匀，用生抽和香油调味即可。

酸奶

主要原料：酸奶 50 毫升

做法要点：酸奶倒入碗中，常温食用。

上午加餐 / **牛奶 + 开心果 + 松子仁**

主要原料：牛奶 200 毫升，开心果 2 克，松子仁 3 克

做法要点：牛奶倒入碗中，隔水加热（温热即可）
饮用。开心果去壳，与松子仁一起碾碎
食用。

午餐 / 双豆焖饭

主要原料：土豆 50 克，四季豆 50 克，大米 60 克，
　　　　　盐 0.5 克，玉米油 5 毫升

做法要点：土豆、四季豆切成丁，用油炒熟后调味，
　　　　　与大米、水一起放入电饭煲，煮成米饭。

豉香小米兔肉

主要原料：兔肉丁 10 克，小米 5 克，豆豉 2 克

做法要点：豆豉切碎，与小米和兔肉丁一起上锅蒸熟。

白灼菜心

主要原料：菜心 30 克，生抽 1 毫升，玉米油 3 毫升

做法要点：菜心焯烫后，淋上生抽和玉米油即可。

下午加餐 / 雪梨橙香藕片

主要原料：雪梨 50 克，橙子肉 50 克，藕片 30 克

做法要点：雪梨和橙子肉打成泥，食用时浇在焯烫过
　　　　　的藕片上即可。

晚餐 / 西葫芦面条

主要原料：西葫芦 50 克，菠菜 20 克，面粉 45 克，干紫菜 2 克，牛奶 50 克

做法要点：菠菜焯水后打成泥，加入面粉和牛奶和成面团，擀成面条。西葫芦刮成长细丝，将面条和西葫芦丝放入沸水中煮熟后捞出盛盘，用干紫菜点缀即可。

鸡蛋炒芦笋

主要原料：芦笋 30 克，鸡蛋 15 克，盐 0.5 克，玉米油 2 毫升

做法要点：鸡蛋炒芦笋作为菜码，与西葫芦面条拌匀食用。

猪肝籴秋葵

主要原料：猪肝 5 克，秋葵 50 克，生抽 1 毫升，香油 2 毫升，白糖 1 克，盐 0.5 克

做法要点：猪肝洗净、切片，用盐和生姜水腌制后，焯熟捞出。秋葵焯熟后，浇上由生抽、香油和白糖做成的调味汁，与猪肝一同摆盘即可。

晚间加餐 / 牛奶＋苹果

主要原料：牛奶 50 克，苹果 50 克

做法要点：牛奶倒入碗中，隔水加热（温热即可）饮用。苹果洗净，切块食用。

第 3 天

早餐 / 香菇鸡肉蔬菜粥

主要原料：香菇丁10克，鸡胸脯肉丁5克，大米
　　　　　15克，生菜碎25克，盐0.3克

做法要点：将大米熬成粥，再依次加入鸡胸脯肉丁、
　　　　　香菇丁、生菜碎熬熟，加少许盐调味即可。

牛奶蒸南瓜

主要原料：南瓜20克，面粉15克，牛奶20毫升

做法要点：南瓜蒸熟碾碎，与面粉和牛奶一起调匀，
　　　　　放入圆形容器中蒸熟。

上午加餐 / 果仁杯 + 牛奶

主要原料：榛子仁5克，松子仁5克，牛奶200毫升

做法要点：坚果仁碾磨细碎后食用。牛奶倒入杯中
　　　　　隔水加热（温热即可）饮用。

午餐 / 杂粮饭

主要原料：大米 60 克，绿豆 5 克

做法要点：将大米与绿豆洗净，放入锅中，加入适量水，蒸成米饭。

蛋香海鲜汇

主要原料：虾仁 5 克，花蛤 10 克，鸡蛋 10 克，海带 35 克，虾皮 3 克，玉米油 5 毫升

做法要点：虾皮磨成粉，加入鸡蛋打散，加入适量水和玉米油，上锅蒸至定型。加入虾仁、花蛤、海带，蒸至所有食材熟透即可。

五彩素炒

主要原料：红彩椒 20 克，芦笋 50 克，胡萝卜 20 克，茭白 30 克，木耳 25 克，花生油 5 毫升，盐 0.5 克

做法要点：木耳泡发，将所有蔬菜洗净，切成大小相等的长条，一起放入油锅中翻炒，加盐调味即可。

下午加餐 / 水果杯

主要原料：火龙果 50 克，猕猴桃 50 克，哈密瓜 50 克

做法要点：火龙果去皮切成块，猕猴桃去皮切成块，哈密瓜去皮去瓤切成块，一起放入盘中食用。

晚餐 / 翡翠白玉年糕汤

主要原料：白菜薹30克，北豆腐15克，年糕片40克，
里脊肉片5克，紫菜1克，盐0.3克，香
油3毫升

做法要点：白菜薹切碎，加入沸水中，再加入年糕片、
里脊肉片、紫菜和北豆腐煮熟，加盐和
香油调味即可。

红薯米饭

主要原料：大米35克，红薯30克

做法要点：将大米煮成米饭。红薯洗净，切成块蒸熟，
放在米饭上。

晚间加餐 / 红枣百合银耳汤

主要原料：红枣5克，百合5克，干银耳10克

做法要点：银耳泡发，加入水和大枣、百合，熬成
汤食用。

第 4 天

早餐 / 果香粗粮八宝饭

主要原料：糯米 15 克，大米 25 克，小米 10 克，苹果泥 40 克，芒果 40 克，圣女果 30 克

做法要点：主食蒸熟后拌入苹果泥调甜味，芒果、圣女果切块，间隔围边装饰。

牛奶

主要原料：牛奶 150 毫升

做法要点：将牛奶倒入杯中，隔水加热（温热即可）饮用。

上午加餐 / 几何缤纷

主要原料：豆腐干 10 克，鹌鹑蛋 8 克，胡萝卜 10 克，五香粉 5 克，盐 0.5 克

做法要点：豆腐干切成正方形。胡萝卜切成三角形。将二者与鹌鹑蛋一起煮熟，用五香粉和盐调味即可。

午餐 / 红薯米饭

主要原料：大米 45 克，红薯 40 克

做法要点：将大米煮成米饭。红薯洗净，切成块，蒸熟，放在米饭上。

菠萝糖醋小排

主要原料：猪小排 250 克，菠萝块 20 克，生抽 1 毫升，醋 5 毫升，冰糖 3 克

做法要点：猪小排切成段，焯水后洗净，放入锅中，加入水、冰糖、醋、生抽、姜，煮至熟软后收汁关火，加入菠萝块拌匀即可。

菌香蔬菜汤

主要原料：软浆叶 70 克，金针菇 20 克，鸡腿菇 5 克，海带 2.5 克，盐 0.5 克，玉米油 8 毫升

做法要点：锅中油加热，放入金针菇和鸡腿菇，炒至快熟时加入软浆叶，大火炒熟，加盐调味即可。

下午加餐 / 酸奶花生碎

主要原料：花生 10 克，酸奶 100 毫升

做法要点：花生磨碎后与酸奶拌匀食用。

晚餐 / 米饭

主要原料：大米 40 克

做法要点：大米洗净，放入锅中，加入适量水蒸成米饭。

松子鲈鱼

主要原料：鲈鱼 50 克，松子仁 5 克，鲜玉米粒 5 克，胡萝卜 10 克，莴笋 10 克，生抽 1 毫升，玉米淀粉 5 克，花生油 5 毫升

做法要点：鲈鱼去除鱼刺，将鱼肉切丁，用生姜水兑玉米淀粉给鱼肉丁上浆后余熟，其他食材过油炒后加入鱼肉丁，调入生抽，用水淀粉勾芡，炒匀即可出锅。

南瓜绿豆汤

主要原料：南瓜 20 克，绿豆 50 克

做法要点：绿豆煮汤。将南瓜去皮、去瓤蒸熟，切成块，放入搅拌机打成糊状，放入煮好的绿豆汤中拌匀食用。

晚餐加餐 / 梨花牛奶布丁

主要原料：牛奶 50 毫升，鸡蛋 10 克，雪梨 25 克

做法要点：雪梨打成泥，放入鸡蛋、牛奶搅拌均匀后，上锅蒸熟即可。

第5天

早餐 / 紫菜芝麻燕麦片

主要原料：牛奶 125 毫升，燕麦片 22 克，黑芝麻 5 克，紫菜 1 小片，生抽 1 毫升，香油 2 毫升

做法要点：将紫菜撕碎，与黑芝麻和其他调料做成味汁。燕麦片与牛奶一起煮稠后，加入味汁，拌匀即可。

山药枣泥饼

主要原料：山药 20 克，枣泥 5 克，葡萄干 5 克，糯米粉 10 克

做法要点：山药蒸熟，与枣泥和炒熟的糯米粉混合。在月饼模具底部铺少量糯米粉，依次放入葡萄干、山药糯米枣泥，盖住压平，扣成小饼状即可。

上午加餐 / 水果酸奶

主要原料：酸奶 50 毫升，柚子 50 克，香蕉 50 克

做法要点：将柚子去皮，取果肉瓣成块。香蕉去皮切成段。将柚子块与香蕉段放入酸奶中拌匀即可。

午餐 / 大麦米饭

主要原料：大麦 20 克，大米 50 克

做法要点：将大麦、大米洗净，一同放入锅中，加入适量水，煮成米饭。

果香鸭胸

主要原料：鸭胸肉 50 克，哈密瓜 25 克，苹果 25 克，红彩椒丁 25 克，玉米淀粉 7 克，白醋 1 毫升，盐 0.5 克，玉米油 3 毫升

做法要点：水果去皮切丁。鸭胸肉切成粒，用盐和水淀粉上浆，放入沸水中焯熟。锅中放少量油加热，将红彩椒丁炒熟，放入水果丁，加入盐和白醋调味，放入鸭胸肉炒匀即可。

上汤鸡毛菜

主要原料：鸡毛菜 35 克，鸡汤 200 毫升

做法要点：将鸡汤煮沸后，放入鸡毛菜煮熟，调味即可。

下午加餐 / 豆花红豆沙

主要原料：豆腐花 15 克，红豆沙 10 克，核桃仁 5 克

做法要点：将豆腐花与红豆沙混合均匀，撒上磨碎的核桃仁即可。

晚餐 / 土豆泥盖饭

主要原料：大米 27 克，土豆 30 克，番茄丁 50 克，里脊丁 10 克，橄榄油 5 毫升，盐 0.5 克

做法要点：大米煮成米饭。土豆煮熟后压成泥，与番茄丁和里脊丁入油锅同炒并用盐调味，浇在大米饭上即可。

拌双蔬

主要原料：竹笋 30 克，莴笋叶 50 克，芝麻酱 10 克，白腐乳 2 克

做法要点：蔬菜焯熟后切成小块，摆入盘中，淋上白腐乳与芝麻酱，拌匀即可。

晚餐加餐 / 红薯 + 牛奶

主要原料：牛奶 125 毫升，红薯 20 克

做法要点：将红薯蒸熟食用。牛奶倒入杯中，隔水加热（温热即可）饮用。

第6天

早餐 / 三明治

主要原料：花生酱 6 克，番茄 20 克，鸡蛋 10 克，
生菜 20 克，黄油吐司 2 片

做法要点：将鸡蛋煮熟，去壳切碎，与花生酱拌匀，
抹在吐司上，番茄切成片放在上面，放
上一片生菜，盖上另一片吐司，对角切
成三角形即可。

牛奶

主要原料：牛奶 150 毫升

做法要点：将牛奶倒入杯中，隔水加热（温热即可）
饮用。

上午加餐 / 双果石榴汁

主要原料：葡萄 50 克，火龙果 50 克，石榴 50 克

做法要点：石榴榨汁，葡萄与火龙果取果肉，放入
石榴汁中同食。

午餐 / 南瓜焖饭

主要原料：南瓜 40 克，大米 55 克

做法要点：大米洗净，蒸成米饭。南瓜去皮切成块，
蒸熟。将南瓜块放在米饭上食用。

鸡蓉肉丸烩草菇

主要原料：鸡胸脯肉 10 克，猪五花肉 10 克，草菇
50 克，葱花 10 克，盐 0.5 克

做法要点：鸡胸脯肉与猪五花肉剁成末，调入盐，
用生姜水搅打上劲，放入沸水中汆成丸
子备用。用少许丸子汤将草菇炖熟，放
入丸子翻炒均匀，调味后撒上葱花即可。

冬寒菜粉丝汤

主要原料：冬寒菜 30 克，紫菜 2 克，粉丝 35 克，
盐 0.5 克，玉米油 6 毫升

做法要点：将冬寒菜、粉丝煮软后，加入紫菜，用
调料调味即可。

下午加餐 / 百合红豆沙

主要原料：百合 5 克，红豆沙 10 克

做法要点：红豆沙加入适量水煮沸，放入百合煮熟
即可。

晚餐 / 二米粥

主要原料：大米 10 克，小米 10 克

做法要点：将大米、小米洗净，放入锅中，加入适
量水，煮成粥。

彩蔬卷饼

主要原料：玉米面 10 克，面粉 8 克，紫甘蓝 30 克，
黄瓜 30 克，金枪鱼 8 克，白芝麻 2 克，
酸奶 50 毫升

做法要点：将玉米面与面粉调成糊，摊成薄饼。紫
甘蓝、黄瓜、金枪鱼切碎，放入酸奶中，
加入白芝麻拌匀，包入饼皮中卷成卷即可。

酱香牛肉豆腐丸子

主要原料：瘦牛肉末 8 克，北豆腐 5 克，芝麻酱 2 克，
青蒜 20 克，盐 0.5 克，花生油 5 毫升

做法要点：北豆腐碾细，与瘦牛肉末拌匀团成丸子，
放入沸水中煮熟后捞出。青蒜切碎，入
油锅炒熟，加入盐和芝麻酱调成味汁，
浇在牛肉豆腐丸子上即可。

晚餐加餐 / 红枣牛奶

主要原料：红枣 10 克，牛奶 100 毫升

做法要点：将红枣洗净，与牛奶一同放入料理机中
打匀即可。

第7天

早餐 / 干贝蔬菜粥

主要原料：干贝5克，莴笋叶20克，大米20克

做法要点：干贝洗净泡软后，与泡干贝的水一起加入大米熬成粥，快熟时加入切碎的蔬菜，煮沸即可。

时蔬蛋卷

主要原料：洋葱碎20克，胡萝卜碎10克，青椒碎20克，鸡蛋10克，盐0.5克，黄油3克，胡椒粉2克

做法要点：鸡蛋用黄油摊成蛋饼，在蛋液未完全凝固时，加入洋葱碎、胡萝卜碎、青椒碎，加盐调味，用蛋皮裹住馅料，待蛋液完全凝固后即可起锅。

双色蝴蝶花卷

主要原料：紫薯泥10克，玉米面10克，面粉10克

做法要点：用紫薯泥和玉米面分别加面粉和面，发酵后，做成蝴蝶状花卷坯，上锅蒸熟即可。

上午加餐 / 水果酸奶

主要原料：猕猴桃50克，芒果50克，酸奶150毫升

做法要点：水果去皮切成块，拌入酸奶中即可。

午餐 / 花豆焖饭

主要原料：花豆15克，大米50克

做法要点：花豆提前泡软，加入大米和水焖成饭。

彩椒炒虾仁

主要原料：虾仁10克，青椒30克，红彩椒30克，盐0.5克，玉米淀粉5克，花生油5毫升，姜末适量

做法要点：虾仁加入姜末、盐和玉米淀粉抓匀，放入油锅炒熟，加入青椒和红彩椒炒匀，加盐调味即可。

韭黄豆腐羹

主要原料：北豆腐块5克，韭黄碎30克，空心菜碎20克，玉米淀粉5克，盐0.5克，玉米油5毫升

做法要点：水中放入北豆腐块、空心菜碎，再加少许油煮开，撒入韭黄碎，加盐调味，用玉米淀粉勾芡即可出锅。

下午加餐 / 甜香山药泥

主要原料：山药15克，红薯15克，松子仁6克，香蕉50克

做法要点：山药、红薯煮熟，与香蕉一起打成泥状，撒上松子仁即可。

晚餐 / 打卤面

主要原料：玉米面条40克，青豆10克，芦笋50克，豆腐干5克，胡萝卜5克，洋葱20克，茭白30克，乳鸽肉10克，盐0.5克，花生酱5克，花生油少许

做法要点：除玉米面条外，将其他食材焯熟，加少量油、盐和花生酱炒制成卤，浇在煮熟的面条上即可。

晚餐加餐 / 红豆薏仁莲子奶昔

主要原料：红豆5克，薏仁5克，莲子5克，牛奶150毫升

做法要点：红豆、薏仁、莲子煮熟，捞出后压成泥状，倒入牛奶中调匀即可。

食谱营养解析

每日各类食物量与《中国学龄前儿童平衡膳食宝塔》推荐食物量的比较　　　　单位：克

食物种类	第1日	第2日	第3日	第4日	第5日	第6日	第7日	7日平均值	推荐食物量[1] 2~3岁	推荐食物量[1] 4~5岁
食盐	1	2	1	1	1	2	2	1	< 2	< 3
烹调油	16	15	13	13	10	11	13	13	10~20	20~25
奶及其制品（以鲜奶计）	300	350	300	300	300	300	300	307	350~500	350~500
大豆（以干豆计）	2	2	5	5	5	2	8	4	5~15	10~20
坚果	14	9	12	12	8	2	8	9	—	适量
鱼禽蛋肉类	31	30	38	38	20	46	35	34	100~125	100~125
瘦畜禽肉（以鲜肉计）	13	15	10	10	20	28	10	15	—	—
水产品（以鲜鱼虾计）	6	0	18	10	0	8	15	8	—	—
蛋类（以鲜蛋计）	12	15	10	18	0	10	10	11	50	50
蔬菜类（以新鲜蔬菜计）	222	262	281	235	190	257	285	247	100~200	150~300
水果类（以鲜果计）	150	150	150	155	150	150	150	151	100~200	150~250
谷薯类	160	85	40	65	129	30	120	90	75~125	100~150
全谷物及杂豆（以干重计）	70	15	10	25	59	30	80	41	75~125	100~150
薯类（以鲜重计）	90	70	30	40	70	0	40	49	适量	适量

[1] 内容参考自《中国妇幼人群膳食指南（2016）》，人民卫生出版社。

食谱的每日能量和主要营养素分析

能量和营养素	第1日	第2日	第3日	第4日	第5日	第6日	第7日	7日平均值	RNI或AI[1]	UL[2]
能量 / 千卡	1214.0	1173.0	1146.0	1160.0	1247.0	1220.0	1270.0	1204.3	—	—
蛋白质 / 克	34.1	38.2	38.1	35.1	38.7	37.9	39.5	37.4	30	—
可消化碳水化合物 / 克	192.4	175.5	175.4	176.6	188.5	184.0	202.1	184.9	—	—
脂肪 / 克	36.9	36.4	33.3	35.6	37.9	37.4	36.7	36.3	—	—
膳食纤维 / 克	11.5	11.3	13.2	9.8	10.3	12.0	11.8	11.4	—	—
维生素 A / 微克 RAE[3]	525.8	484.1	283.1	405.3	217.2	333.9	307.8	365.3	360	900
维生素 B_1 / 毫克	0.5	0.7	0.5	0.5	0.6	0.5	0.5	0.5	0.8	—
维生素 B_2 / 毫克	0.9	1.0	0.8	0.9	0.9	0.8	0.8	0.9	0.7	—
尼克酸（烟酸）/ 毫克	7.7	7.9	7.9	9.8	7.6	7.8	6.9	7.9	8	15
维生素 C / 毫克	163.2	93	105.2	72.5	90	45.4	168.2	105.4	50	600
维生素 E / 毫克	23.8	17.5	18.3	15.5	17.0	17.4	15.8	17.9	7	200
钙 / 毫克	640.0	666.0	673.0	652.0	719.0	602.0	688.0	662.9	800	2000
磷 / 毫克	714.7	756.2	744.4	754.7	777.5	694.8	772.8	745.0	350	—
钾 / 毫克	1584.6	1585.7	1594.1	1699.6	1673.8	1420.8	1772.1	1618.7	1200	—
铁 / 毫克	13.5	13.7	13.7	13.6	17.8	13.7	11.8	14.0	10	30
锌 / 毫克	7.0	6.6	7.0	6.8	6.8	6.2	6.6	6.7	5.5	12
硒 / 微克	22.7	20.1	30.8	22.5	16.4	22.1	30.8	23.6	30	150
DHA[4]+EPA[5] / 毫克	0	0	0	22.8	0	0	11.77	4.9	—	—
DHA / 毫克	0	0	0	9.8	0	0	1.3	1.6	100	—

① 参考《中国居民膳食营养素参考摄入量（2013）》，RNI 为推荐摄入量；AI 为适宜摄入量。
② 参考《中国居民膳食营养素参考摄入量（2013）》，UL 为可耐受最高摄入量。
③ 维生素 A 的量以视黄醇活性当量表示。
④ DHA：二十二碳六烯酸。
⑤ EPA：二十碳五烯酸。

食谱每日能量达到能量需要量的百分比 [能量／能量需要量（EER）] 和主要营养素摄入量达到推荐摄入量的百分比 [营养素摄入量／推荐摄入量（RNI）]

单位：%

能量和营养素	第1日	第2日	第3日	第4日	第5日	第6日	第7日	7日平均值
能量	97.1	93.8	91.7	92.8	99.8	97.6	101.6	96.3
蛋白质	113.7	127.3	127.0	117.0	129.0	126.3	131.7	124.6
可消化碳水化合物	—	—	—	—	—	—	—	—
脂肪	—	—	—	—	—	—	—	—
膳食纤维	—	—	—	—	—	—	—	—
维生素 A	146.1	134.4	78.6	112.5	60.3	92.5	85.3	101.4
维生素 B_1	65.0	83.8	58.8	65.0	80.0	63.8	62.5	68.4
维生素 B_2	131.4	142.9	115.7	130.0	134.3	112.9	120.0	126.7
尼克酸（烟酸）	95.9	98.8	98.8	122.0	94.4	97.0	85.9	99.0
维生素 C	326.4	186.0	210.4	145.0	180.0	90.8	336.4	210.7
维生素 E	339.4	249.3	262.0	221.9	242.7	248.0	225.4	255.5
钙	80.0	83.3	84.1	81.5	89.9	75.3	86.0	82.9
磷	204.2	216.1	212.7	215.6	222.1	198.5	220.8	212.9
钾	132.0	132.1	132.8	141.6	139.5	118.4	147.7	134.9
铁	135.0	137.0	137.0	136.0	178.0	137.0	118.0	139.7
锌	128.0	120.0	127.5	123.5	124.4	112.5	119.6	122.2
硒	75.8	67.1	102.7	74.9	54.8	73.6	102.8	78.8

几种能量营养素占总能量的百分比（热能比①）

单位：%

营养素参数	第1日	第2日	第3日	第4日	第5日	第6日	第7日	7日平均值	推荐值	
									AI②	AMDR③
蛋白质	11	13	13	12	12	12	12	12	—	—
碳水化合物	62	59	61	60	61	60	62	61	—	50~65
脂肪	27	28	26	28	27	28	26	27	—	20~35

① 热能比，即三大产能营养素／宏量营养素（蛋白质、碳水化合物、脂肪）提供的能量占能量需要量的百分比。
② 参考《中国居民膳食营养素参考摄入量（2013）》，AI 为适宜摄入量。
③ 参考《中国居民膳食营养素参考摄入量（2013）》，AMDR 为宏量营养素的可接受范围。

第1天

主要原料：鲜奶 200 毫升

早餐 / **鲜肉包**

主要原料：面粉 50 克，猪肉 20 克，小葱 2 克

南瓜玉米红枣羹

主要原料：玉米 10 克，南瓜 30 克，红枣 10 克

午餐 / **米饭**

主要原料：大米 50 克

紫菜鸡蛋豆腐汤

主要原料：鸡蛋 15 克，虾皮 2 克，紫菜 5 克，豆
腐 20 克

沙司鱼条

主要原料：草鱼 60 克，食用淀粉 5 克，番茄酱 10
克，小葱 2 克

手撕包菜

主要原料：卷心菜 80 克，虾皮 5 克，五花肉 5 克

下午加餐 / **香蕉**

主要原料：香蕉 150 克

晚餐 / **虾仁馄饨**

主要原料：馄饨皮 40 克，香菇 1 克，猪肉 15 克，
　　　　　香菜 1 克，虾仁 5 克，榨菜 2 克

紫薯卷

主要原料：面粉 40 克，紫薯 30 克，白糖 2 克

第2天

上午加餐 / 豆奶

主要原料：豆奶粉 25 克

早餐 / **香菇鲜肉烧卖**

主要原料：烧卖皮 50 克,猪腿肉 10 克,血糯米 30 克,
　　　　　榨菜 5 克，香菇 1 克，猪肉 2 克

牛奶燕麦片

主要原料：奶粉 25 克，燕麦片 5 克，白糖 5 克

午餐 / 米饭

主要原料：大米 50 克

土豆烧牛肉

主要原料：土豆 60 克，牛肉 30 克，洋葱 10 克

口蘑菜心

主要原料：菜心 80 克，口蘑 2 克

海米番茄鸡蛋汤

主要原料：番茄 20 克，小葱 1 克，鸡蛋 20 克，
　　　　　海米 2 克

下午加餐 / 苹果

主要原料：苹果 100 克

晚餐 / **豆沙柳叶包**

主要原料：面粉 50 克，赤小豆 15 克，黑芝麻 5 克

枸杞山药老鸭汤

主要原料：鸭肉 40 克，小葱 2 克，山药 60 克，枸
　　　　　杞 2 克

第3天

早餐 / **青菜瘦肉粥**

主要原料：大米 10 克，血糯米 5 克，青菜 20 克，
　　　　　猪肉 15 克

美味蝴蝶卷

主要原料：面粉 50 克，香肠 8 克，小葱 2 克

红提

主要原料：红提 30 克

午餐 / **米饭**

主要原料：大米 50 克

白灼基围虾

主要原料：基围虾 70 克

馋嘴小肉丁

主要原料：豆干 20 克，西芹 20 克，胡萝卜 40 克，
猪腿肉 20 克

青菜冬瓜猪肝汤

主要原料：青菜 20 克，虾皮 3 克，冬瓜 30 克，猪
肝 10 克

下午加餐 / **柚子**

主要原料：柚子 100 克

晚餐 / **胡萝卜牛肉炒饭**

主要原料：大米 60 克，牛肉 10 克，胡萝卜 15 克，
　　　　　小葱 2 克，黄瓜 15 克，鸡蛋 15 克

红豆莲子桂圆羹

主要原料：赤小豆 15 克，莲子 3 克，桂圆肉 5 克，
　　　　　白糖 5 克

第 4 天

早餐 / 蒸红薯
主要原料：红薯 50 克

杂酱面
主要原料：筒子面 50 克，干子 10 克，猪肉 15 克，
　　　　　胡萝卜 10 克，榨菜 5 克，甜面酱 2 克，
　　　　　小葱 0.5 克

上午加餐 / 鲜奶
主要原料：鲜奶 200 毫升

午餐 / 米饭
主要原料：大米 50 克

干贝烩银芽
主要原料：绿豆芽 60 克，干贝 10 克，韭菜
　　　　　10 克

板栗烧仔鸡
主要原料：板栗 40 克，鸡腿 35 克

菌皇鸡蛋汤
主要原料：蘑菇 10 克，金针菇 5 克，鸡蛋 15 克，
　　　　　小葱 2 克

下午加餐 / 冬枣
主要原料：冬枣 100 克

晚餐 / 坚果仁面发糕
主要原料：面粉 50 克，核桃仁 5 克，葡萄干 5 克，
　　　　　黑芝麻 1 克

番茄青菜肉丸汤
主要原料：番茄 15 克，青菜 20 克，猪肉 30 克

第 5 天

早餐 / 菜肉包子
主要原料：猪腿肉 15 克，青菜 20 克，面粉 50 克

冰糖银耳炖雪梨
主要原料：鸭梨 30 克，银耳 8 克，冰糖 5 克，枸
　　　　　杞 1 克

上午加餐 / 鲜奶
主要原料：鲜奶 200 毫升

午餐 / 米饭
主要原料：大米 50 克

黄焖圆子
主要原料：猪肉 50 克，黑木耳 3 克，胡萝卜 20 克，
　　　　　西蓝花 20 克

平菇青菜鸡蛋汤
主要原料：平菇 10 克，青菜 20 克，鸡蛋 5 克，小
　　　　　葱 0.5 克

清炒大白菜
主要原料：大白菜 70 克，五花肉 5 克，大蒜 2 克，
　　　　　千张 10 克

下午加餐 / 点心
主要原料：曲奇饼干 50 克

晚餐 / 海带脊骨汤
主要原料：海带 50 克，脊骨 35 克，小葱 0.5 克

玉米夹心馍
主要原料：面粉 40 克，果酱 10 克，玉米 10 克

第6天

早餐 / 鲜奶

主要原料：鲜奶 200 毫升

什锦热干面

主要原料：热干面 70 克，芝麻酱 8 克，榨菜 5 克，
胡萝卜 5 克，小葱 2 克

上午加餐 / 豆浆

主要原料：黄豆 25 克，白糖 3 克

午餐 / 黑米饭

主要原料：大米 50 克，黑米 5 克

蒜香鸡翅

主要原料：鸡翅中 60 克，蒜 3 克

什锦素丝

主要原料：胡萝卜 30 克，芹菜 10 克，绿豆芽 20 克，
千张 10 克

干贝蒸水蛋

主要原料：鸡蛋 30 克，干贝 8 克

下午加餐 / 橘子

主要原料：橘子 100 克

晚餐 / 莲藕排骨汤

主要原料：藕 60 克，猪肋排 35 克，小葱 1 克

双色发糕

主要原料：面粉 50 克，南瓜 15 克，黑芝麻 3 克，
白糖 5 克，奶粉 5 克

第7天

早餐 / 莲子百合燕麦粥

主要原料：莲子 5 克，百合 2 克，大米 10 克，燕麦
片 5 克，白糖 5 克

葱油鲜肉卷

主要原料：面粉 50 克，猪肉 20 克，小葱 1 克

上午加餐 / 牛奶

主要原料：奶粉 25 克，白糖 5 克

午餐 / 酸甜包菜

主要原料：卷心菜 80 克，醋 2 克，紫甘蓝 15 克

红豆饭

主要原料：大米 50 克，赤小豆 10 克

水晶财鱼片

主要原料：财鱼 70 克，胡萝卜 20 克，黄瓜 10 克，
黑木耳 0.5 克，冬笋 5 克

番茄鸡蛋汤

主要原料：番茄 30 克，鸡蛋 20 克，小葱 1 克

下午加餐 / 柚子

主要原料：柚子 150 克

晚餐 / 三鲜年糕煲

主要原料：年糕 50 克，青菜 30 克，猪肉 20 克，
黑木耳 3 克

荞麦馍馍

主要原料：面粉 30 克，荞麦 10 克，白糖 5 克

食谱营养解析

每日各类食物量与《中国学龄前儿童平衡膳食宝塔》推荐食物量的比较　　　单位：克

食物种类	第1日	第2日	第3日	第4日	第5日	第6日	第7日	7日平均值	推荐食物量[1]	
									2~3岁	4~5岁
食盐	2	2	2	2	2	2	2	2	< 2	< 3
烹调油	20	20	20	20	20	20	20	20	10~20	20~25
奶及其制品（以鲜奶计）	200	200	400	200	200	240	200	234	350~500	350~500
大豆（以干豆计）	10	20	15	20	10	35	10	17	5~15	10~20
坚果	6	0	5	0	0	3	5	3	—	适量
鱼禽蛋肉类	100	127	104	141	120	125	130	121	100~125	100~125
瘦畜禽肉（以鲜肉计）	85	40	82	53	105	95	40	71	—	—
水产品（以鲜鱼虾计）	0	72	2	73	0	0	70	31	—	—
蛋类（以鲜蛋计）	15	15	20	15	15	30	20	19	50	50
蔬菜类（以新鲜蔬菜计）	118	90	173	164	151	143	192	147	100~200	150~300
水果类（以鲜果计）	100	150	100	130	30	100	150	109	100~200	150~250
谷薯类	200	220	195	190	140	175	205	189	75~125	100~150
全谷物及杂豆（以干重计）	150	190	135	190	140	175	205	169	75~125	100~150
薯类（以鲜重计）	50	30	60	0	0	0	0	20	适量	适量

[1] 内容参考自《中国妇幼人群膳食指南（2016）》，人民卫生出版社。

食谱的每日能量和主要营养素分析

能量和营养素	第1日	第2日	第3日	第4日	第5日	第6日	第7日	7日平均值	RNI或AI[1]	UL[2]
能量 / 千卡	1336.74	1331.74	1408.04	1259.79	1616.12	1260.23	1348.93	1365.94	—	—
蛋白质 / 克	48.91	44.69	49.27	49.94	42.40	52.19	45.16	47.51	30	—
可消化碳水化合物 / 克	—	—	—	—	—	—	—	—	—	—
脂肪 / 克	36.44	37.15	38.76	39.26	41.16	40.72	39.09	38.94	—	—
膳食纤维 / 克	—	—	—	—	—	—	—	—	—	—
维生素 A / 微克 RAE[3]	272.22	285.65	349.11	440.08	416.80	445.33	353.88	366.15	360	900
维生素 B$_1$ / 毫克	0.85	0.81	0.89	0.92	0.80	0.72	0.86	0.84	0.8	—
维生素 B$_2$ / 毫克	1.34	0.73	0.72	0.98	0.80	0.92	0.70	0.88	0.7	—
尼克酸（烟酸）/ 毫克	7.74	7.85	7.90	10.88	7.27	8.68	7.44	8.25	8	15
维生素 C / 毫克	69.00	69.00	61.39	54.35	43.54	98.65	77.89	67.69	50	600
维生素 E / 毫克	6.80	6.90	6.60	7.00	6.60	6.60	6.80	6.76	7	200
钙 / 毫克	463.01	571.70	685.12	578.72	623.08	756.65	628.84	615.30	800	2000
磷 / 毫克	228.05	281.58	337.45	285.04	311.32	356.71	296.45	299.51	350	—
钾 / 毫克	1200	1100	1100	1100	1200	1100	1020	1117	1200	—
铁 / 毫克	12.24	19.08	17.01	17.78	12.10	18.74	12.82	15.69	10	30
锌 / 毫克	7.59	8.34	8.89	10.16	8.06	8.24	8.70	8.57	5.5	12
硒 / 微克	25.42	25.00	25.00	25.42	25.42	25.42	25.42	25.30	30	150
DHA[4]+EPA[5] / 毫克	—	—	—	—	—	—	—	—		
DHA / 毫克	—	—	—	—	—	—	—		100	—

① 参考《中国居民膳食营养素参考摄入量（2013）》，RNI 为推荐摄入量；AI 为适宜摄入量。
② 参考《中国居民膳食营养素参考摄入量（2013）》，UL 为可耐受最高摄入量。
③ 维生素 A 的量以视黄醇活性当量表示。
④ DHA：二十二碳六烯酸。
⑤ EPA：二十碳五烯酸。

食谱每日能量达到能量需要量的百分比【能量／能量需要量（EER）】和主要营养素摄入量达到推荐摄入量的百分比【营养素摄入量／推荐摄入量（RNI）】

单位：%

能量和营养素	第1日	第2日	第3日	第4日	第5日	第6日	第7日	7日平均值
能量	93.81	93.46	98.81	88.41	113.41	88.44	94.66	95.86
蛋白质	102.97	94.08	103.73	105.14	89.26	109.88	95.08	100.02
可消化碳水化合物	—	—	—	—	—	—	—	—
脂肪	—	—	—	—	—	—	—	—
膳食纤维	—	—	—	—	—	—	—	—
维生素 A	75.62	79.35	96.98	122.24	115.78	123.70	98.30	101.71
维生素 B$_1$	105.95	101.69	111.65	114.50	99.66	89.93	107.13	104.36
维生素 B$_2$	167.99	91.47	90.44	122.54	99.97	115.32	88.05	110.83
尼克酸	96.77	98.13	98.78	136.00	90.88	108.47	93.02	103.15
维生素 C	172.49	172.49	153.48	135.89	108.85	246.63	194.73	169.18
维生素 E	97.14	98.57	94.29	100.00	94.29	94.29	97.14	96.53
钙	71.23	87.95	105.40	89.03	97.24	116.58	96.74	94.88
磷	78.60	97.09	116.36	98.29	107.35	123.00	102.20	103.27
钾	100.00	91.67	91.67	91.67	100.00	91.67	85.10	93.11
铁	102.01	159.03	141.72	148.20	100.82	150.19	106.83	129.84
锌	138.00	83.40	88.90	101.60	80.60	82.40	87.53	94.63
硒	100.00	100.00	100.00	101.68	101.68	101.68	101.68	100.96

几种能量营养素占总能量的百分比（热能比①）

单位：%

营养素参数	第1日	第2日	第3日	第4日	第5日	第6日	第7日	七日平均值	推荐值	
									AI②	AMDR③
蛋白质	12.5	13.5	14.1	15.0	13.6	14.7	13.5	13.8	—	—
碳水化合物	56.4	56.1	55.3	54.5	51.5	52.8	56.4	54.7	—	50~65
脂肪	31.0	30.4	30.6	30.5	34.9	32.5	30.1	31.4	—	20~35

① 热能比，即三大产能营养素／宏量营养素（蛋白质、碳水化合物、脂肪）提供的能量占能量需要量的百分比。
② 参考《中国居民膳食营养素参考摄入量（2013）》，AI 为适宜摄入量。
③ 参考《中国居民膳食营养素参考摄入量（2013）》，AMDR 为宏量营养素的可接受范围。

第 1 天

早餐 / 麻花
主要原料：白糖 2 克，亚麻籽油 6.7 克，富强粉 21 克
做法要点：可自制也可购买市售产品。

油茶
主要原料：富强粉 12.5 克
做法要点：将富强粉在锅中炒香，用开水冲泡即可。

鹌鹑蛋
主要原料：鹌鹑蛋 45 克
做法要点：将鹌鹑蛋煮熟，剥壳切开食用。

清炒西蓝花
主要原料：西蓝花 35 克，圣女果 15 克
做法要点：将西蓝花焯水，沥干，放入锅中炒熟，用圣女果摆盘装饰。

上午加餐 / 低温梨
主要原料：梨 75 克
做法要点：将梨切成片，真空封口后放入 83℃ 的低温烹饪机中，25 分钟后取出。

午餐 / 牛奶

主要原料：牛奶 200 毫升

做法要点：牛奶倒入杯中，隔水加热（温热即可）饮用。

双彩剔尖面

主要原料：高粱面 25 克，富强粉 25 克，番茄 25 克

做法要点：富强粉用过滤后的菠菜汁和面，高粱面用清水和面，两种和好的面团分别用筷子剔入锅中，煮熟后捞出。将番茄炒制成番茄酱，淋在面上食用即可。

平遥牛肉

主要原料：酱牛肉 30 克

做法要点：将酱牛肉切成片，与面一同食用。

拌秋葵

主要原料：秋葵 50 克，松仁 5 克

做法要点：将秋葵焯水后切成小片，倒入白醋搅拌，撒上松仁即可。

下午加餐 / 水果果冻

主要原料：猕猴桃块 10 克，柚子块 10 克

做法要点：将清水和丝毫胶按一定比例混合，熬煮至澄清透明，加入水果块，倒入成型模具中冷却即可。

晚餐 / 七星烩菜

主要原料：土豆 60 克，豆腐 30 克，海带 10 克，
　　　　　香菇 20 克，红彩椒 10 克，豆角 15 克，
　　　　　白萝卜 10 克，小米面 9 克，红薯 30 克

做法要点：红薯蒸熟压成泥。将配菜切成条放入锅
　　　　　中，加入调味料炖熟。将小米面与红薯
　　　　　泥和成面团，做成饼状炸至金黄。

拌黄瓜

主要原料：黄瓜 40 克

做法要点：将黄瓜洗净，切成小片，调味拌匀即可。

莜面糊糊

主要原料：莜面 12.5 克

做法要点：将莜面用开水均匀冲开，小火熬制 2~3
　　　　　分钟即可。

晚间加餐 / 水果酸奶

主要原料：酸奶 100 克，猕猴桃 10 克，香蕉 10 克，
　　　　　橙子 10 克，草莓 10 克，哈密瓜 10 克，
　　　　　红心火龙果 3 克

做法要点：将酸奶倒入杯中，把水果切成小丁，撒
　　　　　在酸奶上即可。

备注

低温梨：采用低温烹饪方法，最大程度地保留食物的营
养成分。所有炒制方法均遵照热锅凉油、少油少盐的原则，
蔬菜用大火快炒。烹调用油为亚麻籽油时应补充含 260
毫克钙的钙制剂和含 0.16 毫克维生素 B₁ 的膳食补充剂。

第 2 天

早餐 / 西葫芦饼

主要原料：面粉 37.5 克，西葫芦 10 克

做法要点：将西葫芦切成丝，与水、面粉一起和成
面糊，放入煎锅中煎熟。

老豆腐

主要原料：老豆腐 200 克，韭菜花 6 克

做法要点：将老豆腐挖成块，淋上韭菜花即可。

西芹炒腰果

主要原料：西芹 40 克，腰果 8 克，紫甘蓝 5 克，红
彩椒 3 克

做法要点：西芹切成小片，焯熟备用。锅中放油，
将西芹片、腰果炒熟，用紫甘蓝、红彩
椒装饰即可。

上午加餐 / 果奶布丁

主要原料：冻干草莓粉 3 克，牛奶 120 毫升

做法要点：牛奶中加入 0.6 克丝毫胶及冻干草莓粉，
边加热边搅拌至胶体完全溶解，倒入模
具中，冷却成型。

087

午餐 / 牛奶

主要原料：牛奶 200 毫升

做法要点：牛奶倒入杯中，隔水加热（温热即可）
　　　　　饮用。

三彩猫耳朵

主要原料：富强粉 50 克，番茄 40 克

做法要点：将富强粉分成 3 份，分别用菠菜汁、胡
　　　　　萝卜汁和水和面，捏成猫耳朵形状，放
　　　　　入锅中煮熟。将番茄炒成番茄酱，食用
　　　　　时淋在猫耳朵面上即可。

低温虾

主要原料：虾肉 50 克

做法要点：将虾肉加盐打成虾丸，装袋封口后放入
　　　　　低温烹饪机中，用 59.5℃加热 15 分钟
　　　　　后取出。

蔬菜沙拉

主要原料：紫甘蓝 25 克，圆生菜 25 克，圣女果
　　　　　10 克

做法要点：将蔬菜洗净切成小片，用苹果醋拌匀即可。

下午加餐 / 红枣炖梨

主要原料：梨 60 克，去核红枣 6 克

做法要点：将梨去皮，切成小块，加入水、去核红枣，
　　　　　上锅蒸 10 分钟即可。

晚餐 / 鸡蛋炒青椒土豆

主要原料：土豆 75 克，富强粉 20 克，鸡蛋 30 克，
　　　　　青椒 10 克

做法要点：将土豆切成丝，裹上面粉，上锅蒸熟后
　　　　　晾干抖开。将鸡蛋炒熟，放入青椒、蒸
　　　　　熟的土豆丝，调味炒香即可。

清炒荷兰豆

主要原料：荷兰豆 35 克，胡萝卜丝 10 克

做法要点：将荷兰豆焯水后切成小片，沥干，与胡
　　　　　萝卜丝一起炒熟即可。

玉米面糊

主要原料：玉米面 12.5 克

做法要点：锅中水烧开，将玉米面均匀地撒入水中，
　　　　　搅拌均匀，熬至稠糊状。

晚间加餐 / 鲜水果

主要原料：芒果 40 克

做法要点：将芒果洗净，对半切开，果肉切花刀食用。

备注

所有炒制方法均遵照热锅凉油、少油少盐的原则；蔬菜
用大火快炒；烹调用油为亚麻籽油时，应补充含 250 毫
克钙的钙制剂和含 0.2 毫克维生素 B 的膳食补充剂。
低温虾：分离原汁和清水，最大程度地保留食材的营养
成分、水分，保证原汁原味，鲜嫩有弹性。

第3天

早餐 / 蒸土豆

主要原料：土豆 125 克

做法要点：将土豆去皮，切成块，上锅蒸熟。

疙瘩汤

主要原料：富强粉 18.75 克，豆腐 30 克，番茄 15 克，
菠菜 5 克

做法要点：将富强粉加水搅拌成小面块，放入沸水
锅中煮熟，加入豆腐、番茄、菠菜，调
味出锅。

蒸卷心菜

主要原料：卷心菜 30 克

做法要点：将卷心菜切成小片蒸熟，淋上调好的味
汁即可。

上午加餐 / 果汁

主要原料：杨桃 15 克，橙子 15 克，苹果 15 克，金
橘 10 克

做法要点：所有水果取果肉，放入榨汁机中榨成汁
即可。

午餐 / 牛奶

主要原料：牛奶 200 毫升

做法要点：牛奶倒入杯中，隔水加热（温热即可）饮用。

土豆莜面鱼鱼

主要原料：土豆 50 克，莜面 37.5 克

做法要点：用蒸熟的土豆与莜面混合和成面团，搓成鱼的形状，上锅蒸熟，炒制调味即可。

白萝卜鱼丸汤

主要原料：白萝卜 50 克，鲤鱼肉 50 克

做法要点：将鲤鱼肉打成泥，捏成丸子。白萝卜压成花状，加入紫甘蓝汁低温上色，与鱼丸一同放入锅中煮熟即可。

下午加餐 / 苹果螃蟹

主要原料：黄苹果 60 克

做法要点：将黄苹果洗净，切成块，做成螃蟹造型。

晚餐 / 蘸片子

主要原料：紫甘蓝 30 克，豆角 20 克，富强粉 37.5 克

做法要点：富强粉加水调成糊状，将紫甘蓝、豆角裹上面糊，放入开水中烫熟即可。

番茄炒蛋

主要原料：番茄 30 克，鸡蛋 30 克

做法要点：将鸡蛋炒熟备用。番茄炒出汁后，加入鸡蛋翻炒均匀，调味即可。

小米藜麦稀饭

主要原料：小米 10 克，藜麦 2 克

做法要点：锅中水烧开，加入小米、藜麦，煮熟即可。

晚间加餐 / 水果酸奶

主要原料：酸奶 100 克，哈密瓜 20 克，猕猴桃 10 克，红柚 10 克，大杏仁碎 7.5 克

做法要点：将水果切成丁，放入酸奶中，撒上大杏仁碎即可。

备注

所有炒制方法均遵照热锅凉油、少油少盐的原则；蔬菜用大火快炒；烹调用油为亚麻籽油时，应补充含 260 毫克钙的钙制剂。

第4天

早餐 / 小刺猬馒头

主要原料：富强粉 35 克

做法要点：在富强粉中加入酵母和成面团，发酵后，用剪刀剪出小刺，粘上眼睛，做成刺猬形状，上锅蒸熟即可。

山药稀饭

主要原料：山药 15 克，小米 12.5 克

做法要点：将山药、小米洗净，一同放入锅中，熬至山药变软，将山药碾碎即可。

蒸蛋羹

主要原料：鸡蛋 30 克

做法要点：将鸡蛋打入碗中，倒入适量水拌匀，上锅蒸熟即可。

清炒菜花

主要原料：菜花 40 克，红彩椒 10 克

做法要点：菜花洗净焯水，沥干。热锅凉油，放入菜花与红彩椒炒熟即可。

上午加餐 / 牛奶布丁

主要原料：牛奶 120 克，橙子 35 克

做法要点：牛奶中加入 0.6 克丝毫胶，边加热边搅拌至胶体完全溶解，温度约 80℃，出锅冷却成型。将橙子切成小丁，撒在布丁上即可。

午餐 / 鱼肉饺子

主要原料：龙利鱼肉 50 克，富强粉 44 克，木耳 10 克，豆角 20 克

做法要点：将龙利鱼肉、泡发后的木耳、焯水后的豆角剁碎，调味做成馅，包进用富强粉和面做成的饺子皮中，煮熟即可。

清炒白菜

主要原料：白菜 50 克

做法要点：将白菜洗净、切碎。热锅凉油，将白菜放入锅中翻炒，调味出锅。

沙棘醪糟汤

主要原料：沙棘 5 克，大米 6 克

做法要点：将大米洗净，蒸熟放凉，加入酒曲搅拌均匀，倒入凉开水，密封发酵。将沙棘洗净，榨成汁，倒入发酵好的大米中，加水熬制即可。

下午加餐 / 鲜水果

主要原料：猕猴桃 25 克，红柚 50 克

做法要点：猕猴桃去皮，切片食用。红柚去皮，瓣成瓣食用。

晚餐 / 炒碗托

主要原料：荞麦面 10 克，富强粉 26 克，黄豆芽 20 克，卷心菜 25 克

做法要点：将荞麦面、富强粉按比例和好，均匀盛入小碗中，上锅蒸熟后放凉，切成小片。热锅凉油，将黄豆芽、卷心菜炒香，放入碗托片翻炒均匀，调味即可。

南瓜小米粥

主要原料：南瓜 20 克，小米 10 克

做法要点：南瓜洗净，切成小块，与小米一同放入沸水中，中火熬至南瓜软烂即可。

花生碎豆腐丝拌胡萝卜

主要原料：豆腐丝 10 克，胡萝卜 10 克，花生碎 7.5 克

做法要点：将胡萝卜切成丝，与豆腐丝、花生碎一起调味拌匀即可。

晚间加餐 / 鲜奶 + 鲜水果

主要原料：鲜奶 200 毫升，苹果 50 克

做法要点：鲜奶倒入杯中，常温饮用。苹果洗净食用。

所有炒制方法均遵照热锅凉油、少油少盐的原则；蔬菜用大火快炒；烹调用油为亚麻籽油时，应补充含 250 毫克钙的钙制剂和含 0.23 毫克维生素 B₂ 的膳食补充剂；丝毫胶为海藻胶的一种，由红藻类主要原料提炼而成，用量极少，营养素可忽略不计。

第 5 天

早餐 / 窝头

主要原料：玉米面 37.5 克

做法要点：向玉米面中加入酵母、适量水和成面团，发酵后制成中空窝头坯，上锅蒸熟。

黄豆小米粥

主要原料：干黄豆 6 克，小米 12.5 克

做法要点：干黄豆捣碎，加入小米和适量水放入锅中，熬至软烂即可。

清炒菜花

主要原料：菜花 50 克

做法要点：菜花洗净，焯水后掰成小朵，沥干。热锅凉油，将菜花放入锅中炒制，调味出锅。

上午加餐 / 鲜水果

主要原料：草莓 40 克

做法要点：草莓洗净食用。

午餐 / 牛奶

主要原料：牛奶 200 毫升

做法要点：牛奶倒入杯中，常温饮用。

羊肉片汤

主要原料：羊肉 50 克，富强粉 40 克，猴头菇（罐头）15 克，生菜 10 克

做法要点：羊肉焯水后切成片。将富强粉加水和成面疙瘩，煮熟后放入羊肉片、猴头菇、生菜，煮熟调味即可。

青椒炒洋葱

主要原料：青椒 30 克，洋葱 10 克

做法要点：将青椒、洋葱洗净、沥干，切成小块，放入锅中翻炒均匀，调味即可。

下午加餐 / 苹果 + 大杏仁

主要原料：苹果 70 克，大杏仁 7.5 克

做法要点：苹果洗净食用。大杏仁直接食用。

晚餐 / 彩色土豆泥

主要原料：土豆 150 克，蛋清 36 克，青椒、红彩椒各 22.5 克

做法要点：将煮熟的蛋清捣碎。分别将青椒、红彩椒焯水，切成小丁，将三者摆放在蒸熟捣碎的土豆泥上即可。

玉米粒炒肉末

主要原料：牛肉末 20 克，玉米粒 40 克

做法要点：将玉米粒煮熟后捞出，沥干。锅中油加热，将牛肉末炒香，放入玉米粒翻炒均匀，调味出锅。

番茄菜汤

主要原料：番茄 25 克，生菜叶 15 克

做法要点：番茄、生菜叶洗净，切小块。锅中水烧开，加入番茄、生菜叶煮熟，调味出锅。

晚间加餐 / 酸奶 + 鲜水果

主要原料：酸奶 100 毫升，哈密瓜 40 克

做法要点：酸奶常温食用。哈密瓜去皮、去瓤，切块食用。

所有炒制方法均遵照热锅凉油、少油少盐的原则；蔬菜用大火快炒；烹调用油为亚麻籽油时，应补充含 370 毫克钙的钙制剂和含 0.33 毫克维生素 B₂ 的膳食补充剂。

第 6 天

早餐 / 紫薯馒头

主要原料：紫薯 32 克，富强粉 25 克

做法要点：用蒸熟后捣碎的紫薯泥和加入富强粉、酵母和成面团，做成馒头坯，上锅蒸熟。

南瓜小米粥

主要原料：南瓜 20 克，小米 12.5 克

做法要点：南瓜洗净，切成小块，与小米一同放入沸水锅中，中火熬至南瓜软烂即可。

煎鸡蛋

主要原料：鸡蛋 60 克

做法要点：锅中油加热，将鸡蛋打入锅中，两面煎熟即可。

清炒西葫芦

主要原料：西葫芦 50 克

做法要点：西葫芦洗净，切成片。热锅凉油，放入西葫芦片炒熟，调味出锅。

上午加餐 / 鲜水果

主要原料：梨 50 克

做法要点：梨洗净食用。

午餐 / 牛奶

主要原料：牛奶 200 毫升

做法要点：牛奶倒入杯中，隔水加热（温热即可）饮用。

二米饭

主要原料：大米 25 克，小米 25 克

做法要点：大米、小米洗净，放入锅中，加入适量水，蒸成米饭。

凉拌茄子

主要原料：茄子 50 克

做法要点：将茄子蒸熟，放凉后撕成细丝，调味拌匀即可。

冬瓜炒虾仁

主要原料：冬瓜片 50 克，虾仁 50 克

做法要点：锅中油加热，将冬瓜片炒熟，加入焯水后的虾仁，调味即可。

下午加餐 / 南瓜子仁 + 鲜水果

主要原料：南瓜子仁 7.5 克，红柚 70 克

做法要点：南瓜子仁直接食用。红柚去皮食用。

晚餐 / 汤面

主要原料：富强粉 25 克，豆腐丝 15 克，番茄 10 克，青椒 10 克

做法要点：将富强粉加水和面，做成面片。锅中放少量油加热，将菜类炒香，加水煮开，放入面片煮熟，调味出锅。

香菇土豆

主要原料：土豆 80 克，香菇 30 克

做法要点：土豆切成块，放入锅中炒制，加入焯水后切成小块的香菇翻炒，调味出锅。

晚间加餐 / 鲜奶 + 鲜水果

主要原料：鲜奶 120 毫升，哈密瓜 40 克

做法要点：鲜奶倒入杯中，常温饮用。哈密瓜去皮、去瓤，切块食用。

备注

所有炒制方法均遵照热锅凉油、少油少盐的原则；蔬菜用大火快炒；烹调用油为亚麻籽油时，应补充含 310 毫克钙的钙制剂和含 0.26 毫克维生素 B 的膳食补充剂。

第 7 天

早餐 / 素包子

主要原料：富强粉 37.5 克，鸡蛋 60 克，芹菜 10 克

做法要点：鸡蛋煮熟，去壳切丁。芹菜焯水，切成小丁，与鸡蛋丁混合均匀，调味做

成馅。向富强粉中加入酵母、水和成面团，发酵后制成面皮，包入馅料，上锅蒸熟即可。

红豆粥

主要原料：红豆 12.5 克

做法要点：锅中加水，放入红豆大火煮开，改慢火煮至红豆软烂即可。

黄瓜炒木耳

主要原料：黄瓜 30 克，木耳 20 克

做法要点：黄瓜切薄片，与泡发后撕成小朵的木耳一同入锅炒熟，调味出锅。

上午加餐 / 低温水果

主要原料：黄苹果 40 克

做法要点：将黄苹果挖成球状，密封后放入 85℃ 的低温烹饪机中，30 分钟后取出。

午餐 / 牛奶

主要原料：牛奶 200 毫升

做法要点：牛奶倒入杯中，隔水加热（温热即可）饮用。

豆面抿尖

主要原料：绿豆面 10 克，富强粉 25 克，番茄 30 克

做法要点：将绿豆面、富强粉混合加水和面，用特制的筷子将其抿入锅内煮熟，将番茄切丁炒成卤，食用时淋在面上即可。

空气炸鸡翅

主要原料：鸡翅 75 克

做法要点：将鸡翅用调味料腌制 1 小时后，放入空气炸锅，10 分钟后取出即可。

清炒西葫芦

主要原料：西葫芦 50 克

做法要点：将西葫芦洗净，切成丁，放入锅中翻炒，调味出锅。

拌藕丁

主要原料：藕 45 克

做法要点：将藕切成丁，焯水后捞出沥干，调味拌匀即可。

下午加餐 / 猕猴桃 + 梨 + 花生仁

主要原料：猕猴桃 30 克，梨 50 克，花生仁 7.5 克

做法要点：猕猴桃去皮食用。梨洗净食用。花生仁直接食用。

晚餐 / 小米土豆焖豆角

主要原料：小米 25 克，土豆块 100 克，豆角段 10 克

做法要点：将小米、土豆块和豆角段放入电饭煲中，加入与食材等量的水和适量盐，焖熟即可。

凉拌紫甘蓝

主要原料：紫甘蓝 20 克

做法要点：将紫甘蓝洗净，切成细丝，调味拌匀即可。

腐竹海带汤

主要原料：生菜 5 克，海带 10 克，腐竹 6 克

做法要点：将食材切小块，放入水中，煮熟后调味出锅。

晚间加餐 / 酸奶 + 鲜水果

主要原料：酸奶 100 毫升，芦柑 50 克

做法要点：酸奶常温食用。芦柑剥皮分瓣食用。

备注

空气炸锅：利用热气、高速空气对流和上方的烤盘加热，使食物既有油炸的美味，又能减少脂肪量。所有炒制方法均遵照热锅凉油、少油少盐的原则；蔬菜用大火快炒；烹调用油为亚麻籽油时，应补充含 240 毫克钙的钙制剂和含 0.2 毫克维生素 B_1 的膳食补充剂。

食谱营养解析

每日各类食物量与《中国学龄前儿童平衡膳食宝塔》推荐食物量的比较　　　　单位：克

食物种类	第1日	第2日	第3日	第4日	第5日	第6日	第7日	7日平均值	推荐食物量[1]	
									2~3岁	4~5岁
食盐	2	2	3	2	2	2	2	2	＜2	＜3
烹调油	20（2份）	20（2份）	20（2份）	20（2份）	20（2份）	20（2份）	20（2份）	20（2份）	10~20	20~25
奶及其制品	320（2份）	320（2份）	320（2份）	320（2份）	320（2份）	320（2份）	320（2份）	320（2份）	350~500	350~500
大豆	7.5（0.30份）	7.5（0.30份）	7.5（0.30份）	6.0（0.24份）	7.5（0.30份）	7.5（0.30份）	7.5（0.30份）	7.3（0.29份）	5~15	10~20
坚果	7.5（0.50份）	5.0（0.33份）	8.0（0.53份）	7.5（0.50份）	7.5（0.50份）	7.5（0.50份）	7.5（0.50份）	7.2（0.48份）	—	适量
鱼禽蛋肉类	80（1.5份）	80（1.5份）	80（1.5份）	106（1.8份）	80（1.5份）	80（1.5份）	80（1.5份）	84（1.5份）	100~125	100~125
瘦畜禽肉	0	50（1.0份）	0	70（1.2份）	0	0	50（1.0份）	24（0.5份）	—	—
水产品	50（1.0份）	0	50（1.0份）	0	50（1.0份）	50（1.0份）	0	29（0.6份）	—	—
蛋类	30（0.5份）	30（0.5份）	30（0.5份）	36（0.6份）	30（0.5份）	30（0.5份）	30（0.5份）	31（0.5份）	50	50
蔬菜类	273（0.55份）	225（0.45份）	210（0.42份）	210（0.42份）	240（0.48份）	200（0.40份）	345（0.70份）	243（0.49份）	100~200	150~300
水果类	140（0.70份）	150（0.75份）	175（0.87份）	150（0.75份）	160（0.80份）	155（0.78份）	170（1.10份）	157（0.82份）	100~200	150~250
谷薯类	143.5（5.75份）	156.0（4.45份）	195.0（5.55份）	262.5（6.00份）	184.5（5.22份）	270.8（5.58份）	210.0（5.40份）	202.9（5.28份）	75~125	100~150
全谷物及杂豆	143.5（5.75份）	96.0（3.85份）	120.0（4.80份）	112.5（4.50份）	112.5（4.50份）	95.8（3.83份）	110.0（4.40份）	112.9（4.52份）	75~125	100~150
薯类	0	60（0.60份）	75（0.75份）	150（1.50份）	72（0.72份）	175（1.75份）	100（1.00份）	90（0.90份）	适量	适量

① 内容参考自《中国妇幼人群膳食指南（2016）》，人民卫生出版社。

食谱的每日能量和主要营养素分析

能量和营养素	第1日	第2日	第3日	第4日	第5日	第6日	第7日	7日平均值	RNI或AI[1]	UL[2]
能量 / 千卡	1064	1225	1132	1143	1130	1143	1261	1157	—	—
蛋白质 / 克	44.26	44.50	45.37	44.72	43.71	43.72	49.05	45.05	30	
可消化碳水化合物 / 克	130.00	143.50	146.23	142.60	146.62	145.73	157.73	144.63	—	
脂肪 / 克	40.94	52.54	40.54	43.79	40.91	42.76	48.22	44.24		
膳食纤维 / 克	5.80	9.75	7.34	9.71	7.06	9.27	11.35	8.61	—	
维生素A / 微克RAE[3]	351.66	786.80	397.00	265.35	376.90	319.80	329.35	403.84	360	900
维生素B$_1$ / 毫克	0.57	0.64	0.60	0.47	0.54	0.74	0.60	0.59	0.8	
维生素B$_2$ / 毫克	0.80	1.05	0.88	1.07	0.86	1.06	0.86	0.94	0.7	
尼克酸 (烟酸) / 毫克	6.96	8.36	6.70	8.65	5.68	7.87	10.20	7.77	8	15
维生素C / 毫克	108.40	95.30	96.22	153.00	81.42	129.42	104.73	109.78	50	600
维生素E / 毫克	7.48	8.80	26.57	6.03	8.77	7.94	11.54	11.02	7	200
钙 / 毫克	549.00	544.50	549.00	427.75	488.79	539.64	557.83	522.36	800	2000
磷 / 毫克	678.00	785.50	699.80	700.61	634.88	637.80	800.32	705.27	350	
钾 / 毫克	1260.00	1362.60	1628.30	1773.00	1474.78	1914.70	1824.80	1605.47	1200	
铁 / 毫克	9.33	12.04	11.27	10.76	10.17	16.41	13.81	11.97	10	30
锌 / 毫克	4.65	7.60	6.56	6.83	5.25	7.31	5.87	6.30	5.5	12
硒 / 微克	40.20	28.80	40.74	36.19	29.44	27.91	28.71	33.14	30	150
DHA[4]+EPA[5] / 毫克	19.00	0	31.80	58.05	31.80	23.20	13.50	25.34	—	—
DHA / 毫克	0	0	12.00	6.45	12.00	7.25	0	5.39	100	—

① 参考《中国居民膳食营养素参考摄入量（2013）》，RNI 为推荐摄入量；AI 为适宜摄入量。
② 参考《中国居民膳食营养素参考摄入量（2013）》，UL 为可耐受最高摄入量。
③ 维生素 A 的量以视黄醇活性当量表示。
④ DHA：二十二碳六烯酸。
⑤ EPA：二十碳五烯酸。

食谱每日能量达到能量需要量的百分比【能量／能量需要量（EER）】和主要营养素摄入量达到推荐摄入量的百分比【营养素摄入量／推荐摄入量（RNI）】

单位：%

能量和营养素	第1日	第2日	第3日	第4日	第5日	第6日	第7日	7日平均值
能量	85	98	91	92	90	91	101	93
蛋白质	147	148	151	149	146	146	164	150
可消化碳水化合物	108	120	122	119	122	121	131	120
脂肪	—	—	—	—	—	—	—	—
膳食纤维	—	—	—	—	—	—	—	—
维生素 A	98	218	110	74	105	89	91	112
维生素 B$_1$	71	80	75	59	67	93	75	74
维生素 B$_2$	114	150	126	153	123	151	122	134
尼克酸（烟酸）	87	104	84	108	71	98	128	97
维生素 C	217	190	192	306	162	258	209	219
维生素 E	107	126	379	86	125	113	165	157
钙	69	68	69	53	61	67	70	65
磷	194	224	200	200	181	182	229	201
钾	105	114	136	148	123	160	152	134
铁	93	120	112	108	100	164	138	119
锌	85	138	119	124	96	133	107	115
硒	134	96	136	121	98	93	96	111

几种能量营养素占总能量的百分比（热能比①）

单位：%

营养素参数	第1日	第2日	第3日	第4日	第5日	第6日	第7日	7日平均值	推荐值	
									AI②	AMDR③
蛋白质	16.6	14.5	16.0	15.6	15.5	15.3	15.6	15.6	—	—
碳水化合物	48.8	46.9	51.7	50.0	51.9	51.0	50.0	50	—	50~65
脂肪	34.6	38.6	32.3	34.5	32.6	33.7	34.4	34.4	—	20~35

① 热能比，即三大产能营养素 / 宏量营养素（蛋白质、碳水化合物、脂肪）提供的能量占能量需要量的百分比。
② 参考《中国居民膳食营养素参考摄入量（2013）》，AI 为适宜摄入量。
③ 参考《中国居民膳食营养素参考摄入量（2013）》，AMDR 为宏量营养素的可接受范围。